SCIENCES DE LA VIE ET DE LA TERRE

CYCLE 4

MON CAHIER COMPAGNON

NOUVEAUX PROGRAMMES 2016

Sous la direction de

Jean-Michel GARDAREIN
Paris – Collège-lycée *Victor Duruy*

Auteurs

Professeurs en collège et en lycée :

Benoît DESRAYAUD
Roissy-en-Brie – *Anceau de Garlande*

Olivier LELIÈVRE-BELLINI
Montreuil – *Condorcet*

Julien LOCHE
Faremoutiers – *Louise Michel*

Maud PELÉ
Montreuil – *Jean Jaurès*

Frédéric WILLIATTE
Nancy – *Henri Loritz*

Les auteurs et les Éditions Hatier remercient
Philippe Louâpre, Maître de conférences à l'Université de Bourgogne, pour sa relecture critique.
Les Éditions Hatier remercient tous les enseignants
qui ont participé à l'amélioration du projet par leurs remarques pertinentes.

Hatier

Sommaire

THÈME 1 La planète Terre, l'environnement et l'action humaine

THÈME 2 Le vivant et son évolution

THÈME 3 Le corps humain et la santé

© HATIER – Paris, 2016 – ISBN : 978-2-401-02153-2

Sommaire des compétences

Dans les trois premières pages de chaque chapitre, les schémas bilans et les tests de connaissances, ces repères t'indiquent à quel moment du cycle travailler sur les pages :

- ● ○ ○ Dès le début de cycle
- ○ ● ○ À partir du milieu de cycle
- ○ ○ ● En fin de cycle

CHAPITRE 1

Dynamique de la Terre et risques pour l'être humain

La Terre dans le système solaire, une planète active

Je retiens *l'essentiel*

■ **Souligne** les mots importants.

> Dans le système solaire, huit planètes gravitent autour d'une étoile, le Soleil. Les quatre planètes les plus proches du Soleil, dont la Terre, sont faites de roches : ce sont les planètes telluriques. Les autres planètes, gazeuses, n'ont pas de surface rocheuse.

> La Terre, qui a la forme d'une sphère, effectue une rotation sur elle-même autour de l'axe des pôles, en presque 24 heures. Elle effectue une révolution autour du Soleil en une année, selon une orbite en forme d'ellipse, quasi circulaire.

> La Terre est âgée d'environ 4,5 milliards d'années. Les 530 millions d'années les plus récentes sont les mieux connues : les géologues les ont divisées en quatre ères géologiques.

> Les séismes sont provoqués par une rupture des roches, en profondeur, qui produit des ondes. Les éruptions volcaniques ont pour origine une remontée de magma.

Je m'évalue avec *un document*

■ **Décris** les mouvements de la Terre.

Révolution ....
....
....

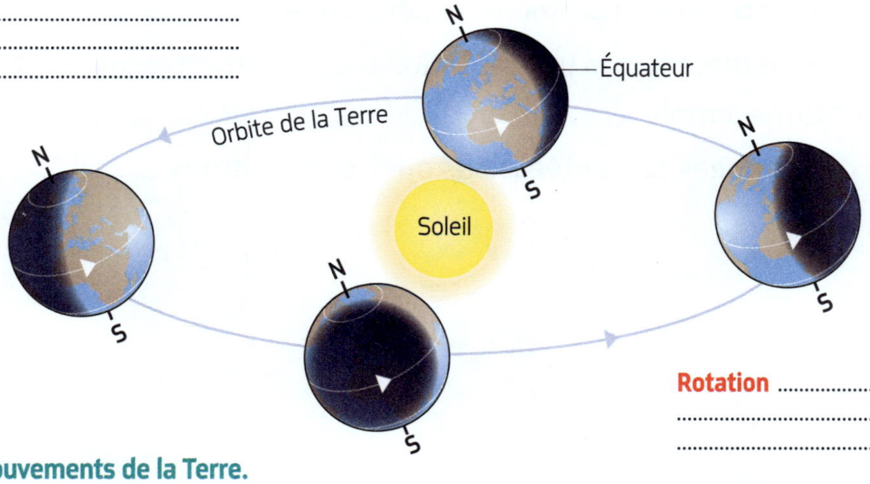

Rotation ....
....
....

■ **Les mouvements de la Terre.**

Je retiens *les mots-clés*

■ **Complète** les définitions.

Étoile : ....

Orbite terrestre : ....

Planète : ....

La tectonique des plaques et la dynamique interne

Je retiens *l'essentiel*

■ **Souligne** les mots importants.

> La répartition des séismes et des volcans a permis de comprendre que la surface de la Terre est divisée en plaques lithosphériques. Selon la théorie de la tectonique, les plaques constituées de roches rigides reposent sur l'asthénosphère faite de roches moins rigides.

> Le contexte géodynamique global explique la répartition des séismes et des éruptions volcaniques. En effet, au niveau d'une dorsale océanique, deux plaques s'écartent. Au niveau d'une zone de subduction, une plaque plonge sous une autre plaque.

> Les mouvements des plaques sont liés à des mouvements de matière en profondeur : la dynamique interne du globe est à l'origine de la tectonique des plaques.

Je m'évalue avec *un document*

■ **Légende** le schéma de la partie superficielle du globe et **ajoute** des flèches pour montrer le mouvement des plaques lithosphériques.

■ **Le mouvement des plaques lithosphériques.**

Je retiens *les mots-clés*

■ **Complète** les définitions.

Contexte géodynamique : ....

Dorsale océanique : ....

Plaque lithosphérique : ....

....

Zone de subduction : ....

Des risques liés au contexte géodynamique

Je retiens *l'essentiel*

■ **Souligne** les mots importants.

> Certaines zones de la Terre sont menacées par des aléas sismiques et volcaniques. Des individus et des biens sont susceptibles d'en subir les conséquences, et n'ont pas tous le même degré de vulnérabilité : ils représentent les enjeux. La combinaison de l'aléa et de la vulnérabilité des enjeux détermine le risque.

> Actuellement, il n'est pas possible de prévoir la survenue d'un séisme alors que la surveillance des volcans actifs permet de prévoir plus ou moins efficacement les éruptions volcaniques.

> Afin de prévenir le risque, il est possible :
– d'éduquer la population, qui saura adopter un comportement adéquat durant un séisme ;
– d'aménager le territoire, par exemple en construisant des abris pour assurer la protection des personnes durant une éruption volcanique explosive.

Je m'évalue avec *un document*

■ **Entoure** en rouge sur la photographie un élément suggérant l'existence d'un aléa volcanique dans cette région.

■ **Entoure** en vert sur la photographie un élément suggérant l'existence d'enjeux dans cette région.

■ **La région du Cotopaxi, en Équateur.**

Je retiens *les mots-clés*

■ **Complète** les définitions.

Aléa : ....

Enjeu : ....

Risque : ....

Je construis un schéma-bilan

- ■ **Décris** le mouvement de la Terre dans le système solaire dans la partie haute du schéma.
- ■ **Légende** le schéma dans la partie qui représente la partie superficielle de la Terre.
- ■ **Complète** l'encadré sur les risques naturels.

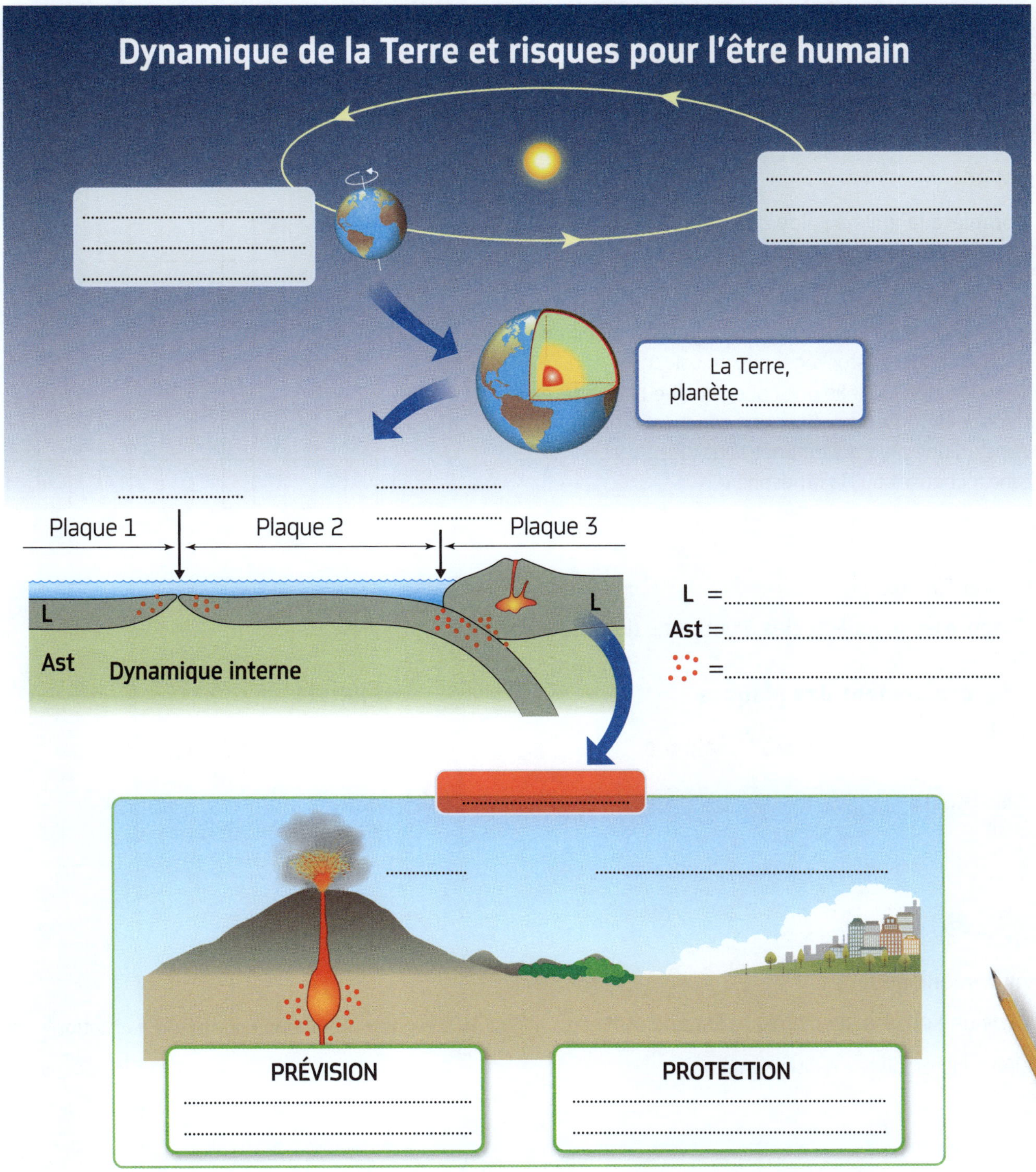

Je teste mes connaissances

1 QCM

■ **Choisis** la bonne proposition.

Par rapport aux planètes du groupe de Jupiter, les planètes telles que la Terre sont :

- ☐ plus petites et plus éloignées du Soleil.
- ☐ plus grosses et plus éloignées du Soleil.
- ☐ plus petites et plus proches du Soleil.
- ☐ plus grosses et plus proches du Soleil.

2 Restituer une connaissance

■ **Présente** les mouvements de la Terre dans le système solaire.

3 MOT CACHÉ

■ **Complète** la grille à l'aide des définitions pour retrouver le mot caché.

a. Émission de matériaux volcaniques en surface.
b. Montagne sous-marine où deux plaques se séparent.
c. Roches en fusion stockées sous un volcan.
d. Théorie selon laquelle une couche rocheuse rigide, en surface de la Terre, repose sur une couche moins rigide.
e. Zone où une plaque s'enfonce sous une autre.
f. Zone rocheuse sous la lithosphère.

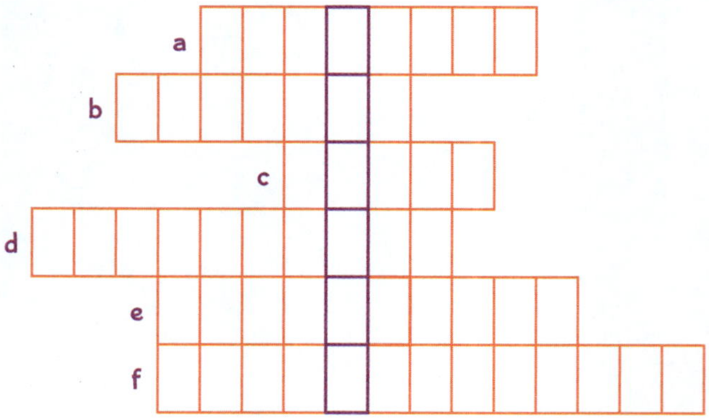

4 Chasser l'intrus

■ **Entoure** les mots associés à une zone de subduction.

écartement des plaques
séismes
fosse océanique
dorsale océanique
volcans
rapprochement de plaques

5 Remue-méninges

■ **Écris** une phrase avec chaque liste de mots.

a. aléa • vulnérabilité • risque • enjeux

b. prévenir • protection • construire • éruption • risque

Compétence | **Reconnaître des situations de proportionnalité et résoudre les problèmes correspondants**

1 • *Je sais résoudre un problème de vitesse*

Les ondes sismiques générées par un séisme ont mis 58 s pour arriver à la station sismique A, située à 320 km de l'épicentre. La station B est située à 180 km de l'épicentre.

a. La vitesse des ondes sismiques est :

☐ 1,8 km/s ☐ 5,5 km/s ☐ 0,18 km/s ☐ 0,56 km/s

b. La durée de parcours des ondes de l'épicentre à la station B est :

☐ 100 s ☐ 321 s ☐ 1,77 s ☐ 33 s

2 • *Je sais calculer une distance à partir d'une échelle*

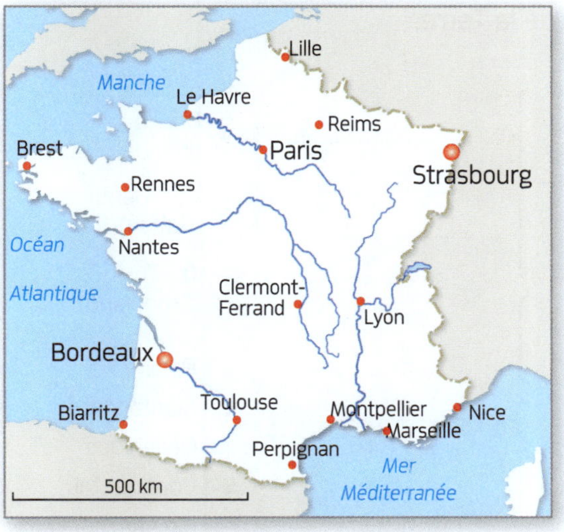

a. Le trait d'échelle signifie que :

.... cm sur la carte représente .... km en réalité.

b. La distance en ligne droite entre Bordeaux et Strasbourg est de :

☐ 850 km

☐ 750 km

☐ 950 km

☐ 420 km

3 • *Je sais exprimer une grandeur dans une unité adaptée*

■ **Écris** deux unités différentes pour chaque grandeur du tableau.

Distance	....
Durée	....
Vitesse	....

CHAPITRE 2

Phénomènes climatiques, météorologiques et action humaine

La différence entre la climatologie et la météorologie

Je retiens *l'essentiel*

■ **Souligne** les mots importants.

> La climatologie étudie des phénomènes météorologiques sur une zone étendue du globe, sur une longue durée. Il existe sur Terre trois grandes zones climatiques, notamment caractérisées par leur température : la zone polaire, la zone chaude et la zone tempérée. L'existence de ces zones climatiques est liée à une inégale répartition de l'énergie solaire à la surface de la Terre. Lorsqu'on étudie le temps qu'il fait à court terme, sur une zone limitée, c'est la météorologie.

Je m'évalue avec *un document*

■ **Légende** la carte avec le nom des grandes zones climatiques de la Terre.
Indique le climat des villes 1, 2 et 3.

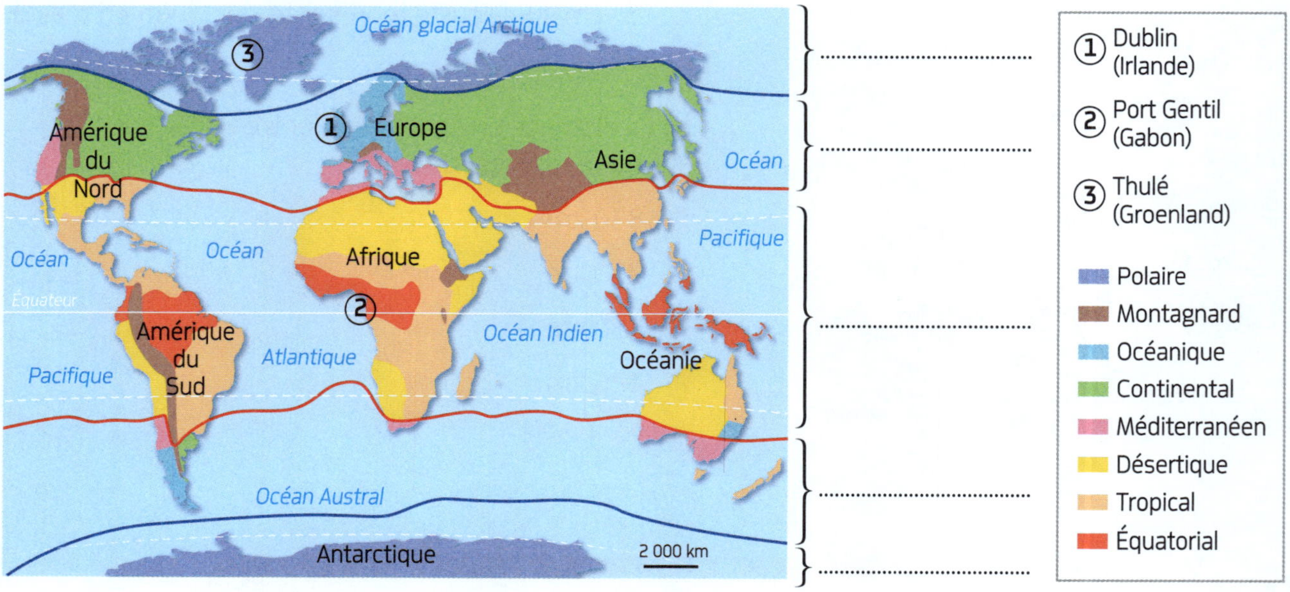

....

....

....

....

....

■ Les grandes zones climatiques de la Terre.

① ....

② ....

③ ....

Je retiens *les mots-clés*

■ **Complète** les définitions.

Climatologie : ....

....

Météorologie : ....

....

Le climat : origine, variations et risque

Je retiens *l'essentiel*

■ **Souligne** les mots importants.

> Les déplacements des masses d'air et d'eau assurent un transfert d'énergie depuis l'équateur vers les pôles. Les vents sont des déplacements de masses d'air, sous l'effet de températures différentes, plus élevées à l'équateur qu'aux pôles. Grâce aux vents, les masses d'eau se déplacent en surface des océans, provoquant des courants marins.

> À l'échelle des temps géologiques, le climat évolue, selon la position de la Terre dans l'espace. Il peut aussi évoluer plus rapidement sous l'effet des actions humaines qui libèrent des gaz amplifiant l'effet de serre. D'après les prévisions des climats du futur, les sociétés humaines pourraient être soumises à des phénomènes tels que la montée du niveau des mers ou des incendies plus fréquents. Différentes mesures d'atténuation (baisse des émissions de gaz à effet de serre) ou d'adaptation (construction de digues) permettent de limiter le changement climatique et ses conséquences.

Je m'évalue avec *un document*

■ **Complète** le schéma de l'effet de serre.

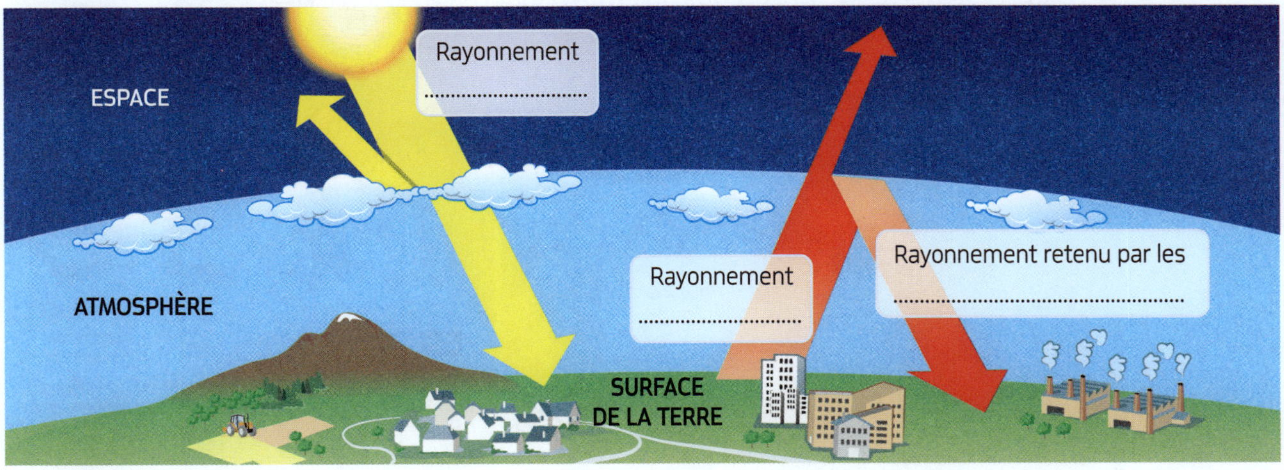

■ **L'effet de serre.**

Je retiens *les mots-clés*

■ **Complète** la définition.

Effet de serre : ....

....

Le risque lié aux phénomènes météorologiques

Je retiens l'essentiel

■ **Souligne** les mots importants.

> Certaines zones sont menacées par des phénomènes météorologiques naturels : ce sont des aléas. Dans les zones où existe un aléa, les individus et les biens susceptibles d'en subir les conséquences sont des enjeux. Ils n'ont pas tous le même degré de vulnérabilité face à l'aléa. La combinaison de l'aléa et de la vulnérabilité des enjeux détermine le risque. C'est ainsi qu'il existe un risque lié aux tornades en France.

> Dans certaines villes, il existe un aléa lié aux inondations provoquées par d'importantes précipitations. On doit alors évaluer les enjeux : une importante population, un patrimoine historique ou encore des lieux de pouvoir, de loisir, etc. À Paris, par exemple, depuis la crue de la Seine de 1910, des mesures de prévention (bassins de rétention) et de protection (aménagements de la Seine) ont permis de diminuer le risque. Toutefois, le développement de l'urbanisation et la mise en place d'infrastructures le long du fleuve ont augmenté la vulnérabilité des enjeux.

Je m'évalue avec un document

a. Complète la définition de risque.

.... + ... des enjeux = risque

b. Cite le nom d'un phénomène naturel météorologique à l'origine d'un risque.

....

....

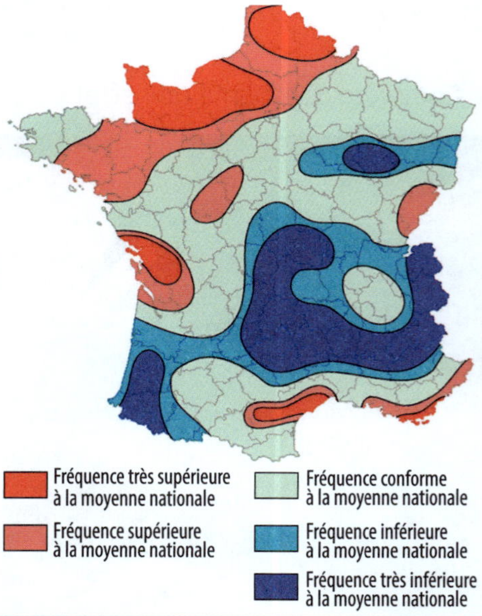

■ **Carte de l'aléa lié aux tornades en France.**

Je retiens les mots-clés

■ **Complète** les définitions.

Aléa : ....

Enjeu : ....

Risque : ....

Vulnérabilité des enjeux : ....

....

Je construis *un schéma-bilan*

■ **Complète** les facteurs physiques étudiés par la météorologie et la climatologie. **Nomme** les éléments que tu reconnais.

■ **Ajoute** au schéma la notion de risque, à une place judicieuse. **Précise** ce que tu sais sur l'évolution du climat. **Ajoute** le vent et les courants marins.

■ **Décris,** sous chaque zoom, les différentes mesures prises pour diminuer le risque.

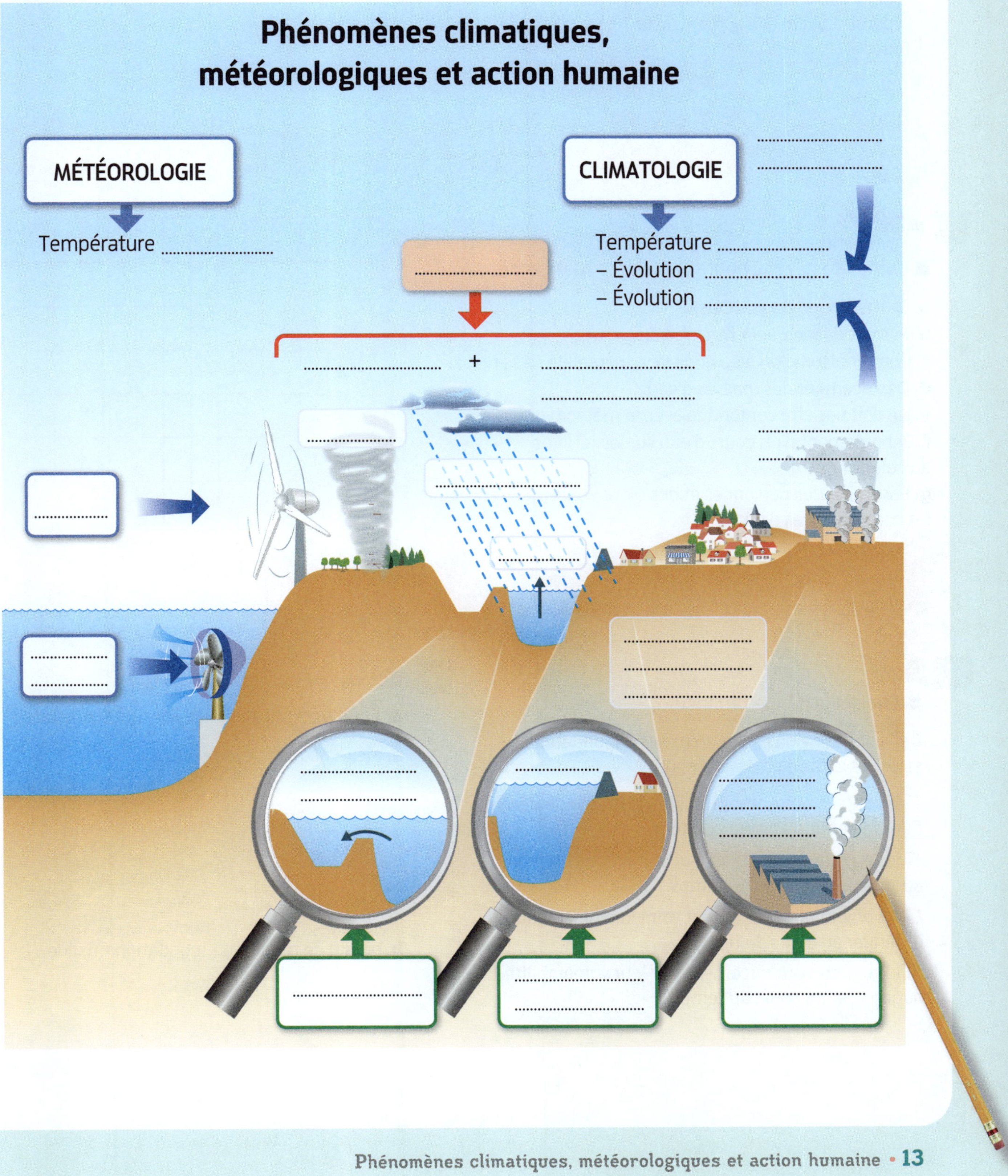

Je teste *mes connaissances*

1 Vrai ou Faux ?

	Vrai	Faux
La climatologie permet de prévoir le temps qu'il va faire le lendemain.		
La météorologie permet d'étudier le temps à court terme, sur une zone limitée.		
L'existence de zones climatiques est liée à la répartition uniforme de l'énergie solaire à la surface de la Terre.		

2 Restituer une connaissance

■ **Explique,** en deux phrases au maximum, la différence entre la climatologie et la météorologie.

3 MOT CACHÉ

■ **Complète** la grille pour retrouver le mot caché.

a. Se mesure en degrés Celsius.
b. Permet de récupérer l'énergie du vent.
c. Combinaison d'un aléa et de la vulnérabilité des enjeux.
d. Déplacement des masses d'eau.
e. Ne doit pas être confondue avec la météorologie.
f. Débordement d'un cours d'eau sur les terrains aux alentours.
g. Ensemble des personnes et des biens susceptibles de subir les conséquences d'un aléa.

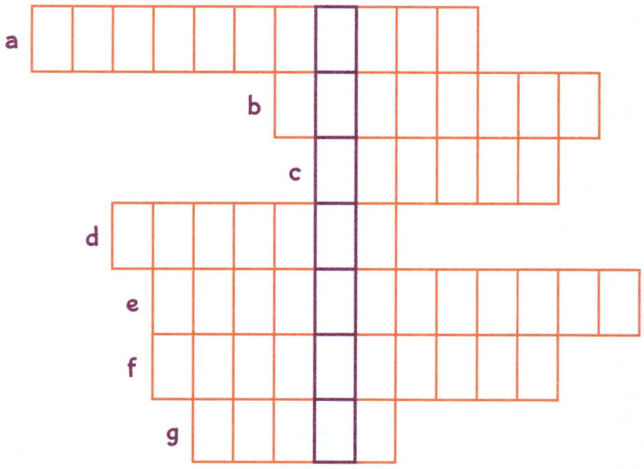

4 QCM

■ **Choisis** la bonne réponse.

Dans une zone où existe un risque d'inondation, selon les choix d'aménagement :

☐ les enjeux présentent toujours le même degré de vulnérabilité au cours du temps.

☐ les enjeux peuvent voir leur vulnérabilité augmenter au cours du temps.

☐ les enjeux vont forcément voir leur vulnérabilité diminuer au cours du temps.

☐ les enjeux vont forcément voir leur vulnérabilité augmenter au cours du temps.

5 Remue-méninges

■ **Écris** une phrase avec les mots suivants :

a. aléa • risque naturel • enjeu

b. bassin de rétention • inondation • risque

1 • Je sais utiliser les principales fonctions de Google Earth®

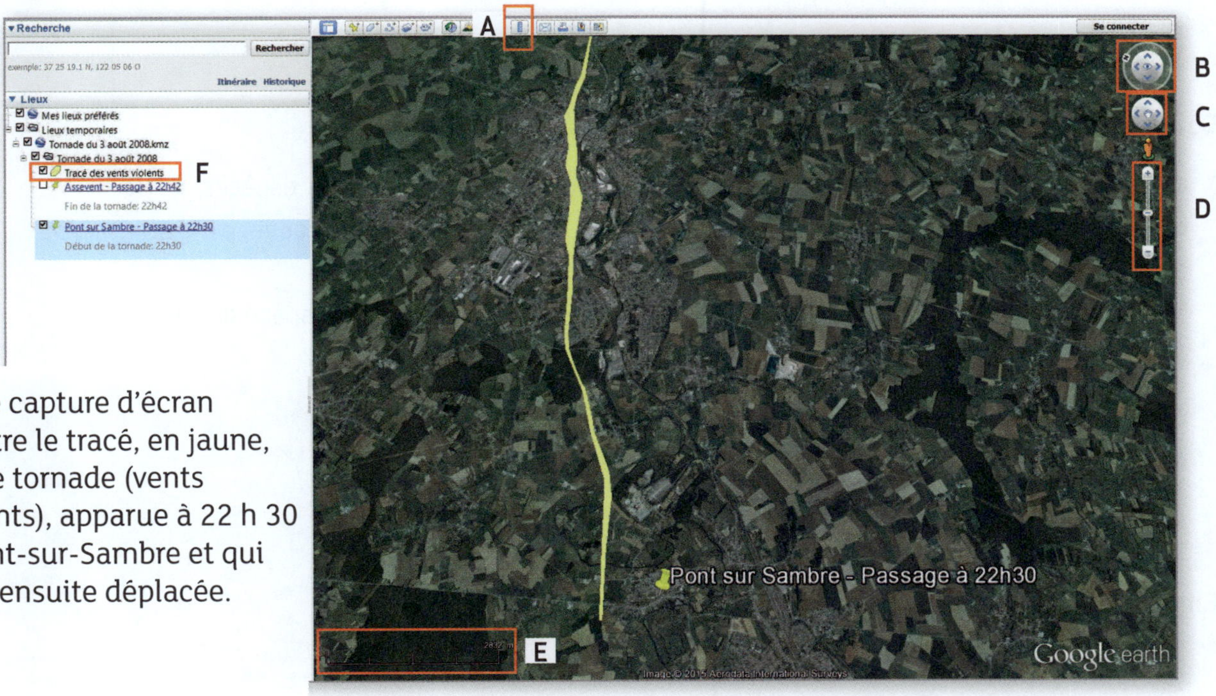

Cette capture d'écran montre le tracé, en jaune, d'une tornade (vents violents), apparue à 22 h 30 à Pont-sur-Sambre et qui s'est ensuite déplacée.

a. Pour orienter correctement la carte par rapport au nord, il faut cliquer sur :

- ☐ A
- ☐ B
- ☐ C
- ☐ D

b. Pour faire apparaître sur l'écran le trajet complet jaune de la tornade, il est possible :

- ☐ de dézoomer avec D puis de déplacer la zone visible en jaune avec C.
- ☐ de double-cliquer sur F.
- ☐ de dézoomer avec E puis de déplacer la zone visible en jaune avec D.
- ☐ de cliquer sur F.

2 • Je sais calculer une distance avec Google Earth®

■ **Pour calculer** facilement la distance parcourue par la tornade, il est possible :

- ☐ d'utiliser l'outil Échelle en cliquant sur E.
- ☐ d'utiliser les informations du dossier en cliquant sur F.
- ☐ d'utiliser l'outil Règle, en cliquant sur A.
- ☐ d'utiliser la rubrique Option dans la barre de menu.

3 • Je sais afficher une localité dans Google Earth®

■ **Indique** en une phrase un moyen simple de passer de la localité de Pont-sur-Sambre à la ville de Bordeaux.

....

....

CHAPITRE 3

L'exploitation des ressources naturelles

Les enjeux de l'exploitation des ressources halieutiques

Je retiens l'essentiel

■ **Souligne** les mots importants.

> Pour satisfaire ses besoins en nourriture, l'être humain pêche certaines espèces de poissons, qui constituent des ressources halieutiques. Parmi ces ressources, le thon rouge, par exemple, est devenu une espèce de plus en plus rare.

> Des solutions telles que l'instauration de quotas de pêche ont permis à l'espèce de se régénérer.

Je m'évalue avec un document

■ **Cite** un moyen permettant de préserver les espèces pêchées :

....

■ Le thon rouge, une ressource prélevée pour les besoins en nourriture des êtres humains.

Je retiens les mots-clés

■ **Complète** la définition.

Ressource halieutique : ....

....

....

....

....

Les enjeux de l'exploitation et de la gestion des ressources en eau

Je retiens *l'essentiel*

■ **Souligne** les mots importants.

> Pour satisfaire ses activités quotidiennes (boisson, cuisine, hygiène), l'être humain prélève de l'eau douce. C'est une ressource inégalement répartie à la surface de la Terre : tous les êtres humains n'ont pas le même accès à l'eau douce.

> L'eau douce est parfois mal utilisée par différents comportements et par certaines techniques d'irrigation des cultures. Des solutions existent pour limiter ce gaspillage, à l'échelle individuelle ou collective.

> L'eau douce est parfois polluée par les rejets des habitations, de l'industrie et de l'agriculture non raisonnée. Les stations d'épuration permettent de dépolluer partiellement cette eau avant de la rejeter dans des cours d'eau. Il existe des modes d'agriculture utilisant peu ou pas de pesticides qui permettent de limiter cette pollution dangereuse pour la santé.

Je m'évalue avec *un document*

■ **Cite** deux moyens permettant, à l'échelle individuelle, de moins gaspiller les ressources en eau :

....

....

....

....

■ Une jeune fille dans son bain.

Je retiens *les mots-clés*

■ **Complète** la définition.

Épuration de l'eau : ....

....

Les enjeux de l'exploitation des énergies fossiles

Je retiens *l'essentiel*

■ **Souligne** les mots importants.

> Pour satisfaire ses besoins en énergie liés à ses activités quotidiennes, l'être humain exploite des énergies fossiles, telles que le pétrole. Sa production et son utilisation libèrent du dioxyde de carbone (CO_2).

> Le pétrole est une énergie non renouvelable à l'échelle humaine et ses réserves diminuent. Certains pays prévoient le remplacement progressif du pétrole par des énergies renouvelables. L'utilisation des énergies renouvelables a beaucoup moins d'impact sur les émissions en dioxyde de carbone, et donc sur le changement climatique.

Je m'évalue avec *un document*

■ **Indique** le nom du gaz libéré par l'extraction et l'utilisation du pétrole :

....

■ **Cite** deux énergies renouvelables :

....

....

■ **L'extraction du pétrole.**

Je retiens *les mots-clés*

■ **Complète** les définitions.

Énergies fossiles : ....

....

Énergies renouvelables : ....

....

Je construis un schéma-bilan

■ **Exprime** les besoins des humains qui exploitent les ressources naturelles représentées sur le schéma. Complète les lignes de gauche en rapport avec l'exploitation et la gestion des ressources halieutiques.

■ **Complète** les lignes du milieu en rapport avec l'exploitation et la gestion des ressources en eau douce.

■ **Complète** les lignes de droite en rapport avec l'exploitation et la gestion des ressources en énergie fossile.

L'exploitation des ressources naturelles

LES BESOINS DES ÊTRES HUMAINS

…………………………	…………………………
…………………………	…………………………

Exploitation des ressources naturelles

…………………………	…………………………	…………………………
…………………………	…………………………	…………………………

Conséquences d'une mauvaise gestion

…………………………	…………………………	…………………………
…………………………	…………………………	…………………………

…………………………	…………………………	…………………………
…………………………	…………………………	…………………………

Conséquences d'une gestion équilibrée

Gestion équilibrée des ressources naturelles

…………………………	…………………………	…………………………
…………………………	…………………………	…………………………
…………………………	…………………………	…………………………
…………………………	…………………………	…………………………

Je teste *mes connaissances*

1 QCM

■ **Coche** la bonne affirmation.

La préservation d'une espèce aquatique menacée de surpêche peut se faire :

- ☐ en utilisant des bateaux de pêche plus puissants.
- ☐ en instaurant des quantités maximales de pêche à ne pas dépasser.
- ☐ en instaurant des quantités minimales de pêche.
- ☐ en instaurant des quantités maximales de pêche à dépasser.

2 Chasser l'intrus

■ **Entoure** les noms qui désignent des ressources halieutiques.

eau douce thon rouge

pétrole

crevettes eau salée

sable

3 Remue-méninges

■ **Écris** une phrase avec chaque liste de mots.

a. répartition • eau douce • pays • ressource

....

....

b. eau douce • comportement • gaspillage

....

....

c. agriculture biologique • pollution • eau douce

....

....

4 Vrai ou Faux ?

	Vrai	Faux
Les humains ont tous accès à la même quantité d'eau douce.		
L'eau douce est polluée uniquement à cause de pratiques agricoles.		
Les stations d'épuration permettent de dépolluer partiellement l'eau douce.		

5 Mémoriser le vocabulaire du chapitre

■ **Relie** par un trait le mot avec la définition qui lui correspond.

Pétrole •	• Énergie renouvelable, issue du vent
Géothermie •	• Énergie fossile, non renouvelable à l'échelle humaine
Énergie éolienne •	• Énergie renouvelable, issue des profondeurs de la Terre

6 Restituer une connaissance

■ **Explique** pourquoi le pétrole est qualifié de ressource non renouvelable.

....

....

....

Compétence | *Fonder ses choix de comportement responsable vis-à-vis de la gestion d'une ressource naturelle sur des arguments scientifiques*

1 • *Je sais caractériser une ressource naturelle*

■ **Coche** la bonne affirmation.

a. Les ressources naturelles :

- ☐ sont renouvelables à l'échelle humaine.
- ☐ sont réparties de manière uniforme à la surface de la Terre.
- ☐ sont utilisées par les êtres humains pour satisfaire une partie de leurs besoins.
- ☐ sont présentes en quantité illimitée sur Terre.

b. L'eau douce est une ressource naturelle :

- ☐ parfois mal gérée par certains comportements humains.
- ☐ disponible dans les mêmes quantités pour tous les êtres humains.
- ☐ abondante sur Terre, notamment dans les océans.
- ☐ très polluée après sa sortie d'une station d'épuration.

2 • *Je choisis un comportement responsable sur des arguments scientifiques*

Certaines activités, liées à l'utilisation de ressources énergétiques, libèrent du dioxyde de carbone, impliqué dans le changement climatique.

■ **Colorie** pour chaque activité la case correspondant au plus faible impact sur le changement climatique.

	Quantité de dioxyde de carbone produite pour trois activités		
Effectuer un trajet Paris-Marseille	En avion : 145 kg par passager	En voiture : 176 kg	En train : 10,2 kg par passager
Acheter 1 kg d'aliments	1 kg de poires transportées par voiture depuis un producteur local : 0,1 kg	1 kg d'asperges transportées par avion depuis le Pérou : 19 kg	1 kg de poires venant d'Argentine par bateau : 0,73 kg
Chauffer une maison individuelle	Au fioul : 7 615 kg/an	À l'électricité : 1 079 kg/an	Au gaz : 4 515 kg/an

3 • *Je sais adopter un comportement responsable dans ma vie quotidienne*

> Kevin habite dans une grande ville, bien équipée en transports en commun. Il travaille à 2 km de son domicile. Comme il craint les retards éventuels des transports en commun, il prend sa voiture pour aller travailler. En fin de journée, il apprécie de se détendre en prenant un bain.

■ **Souligne** dans le texte les comportements que Kevin pourrait modifier afin de préserver certaines ressources naturelles.

■ **Propose** de nouveaux comportements pour préserver ces ressources :

....

....

4 CHAPITRE Écosystèmes et activités humaines

Un monde vivant organisé en écosystèmes

Je retiens *l'essentiel*

■ **Souligne** les mots importants.

> Le monde vivant est organisé en écosystèmes. Même si tous n'ont pas la même taille, leur fonctionnement est identique. Les êtres vivants sont en étroite relation les uns avec les autres dans leur milieu, ce qui permet un recyclage de la matière organique qu'ils produisent. Les paramètres physiques peuvent changer d'un écosystème à l'autre, expliquant alors la diversité des espèces rencontrées.

> Les connaissances sur le fonctionnement des écosystèmes permettent de prévoir les conséquences possibles des activités humaines.

Je m'évalue avec *un document*

■ **Ajoute** des flèches montrant les relations alimentaires entre les êtres vivants de l'écosystème.

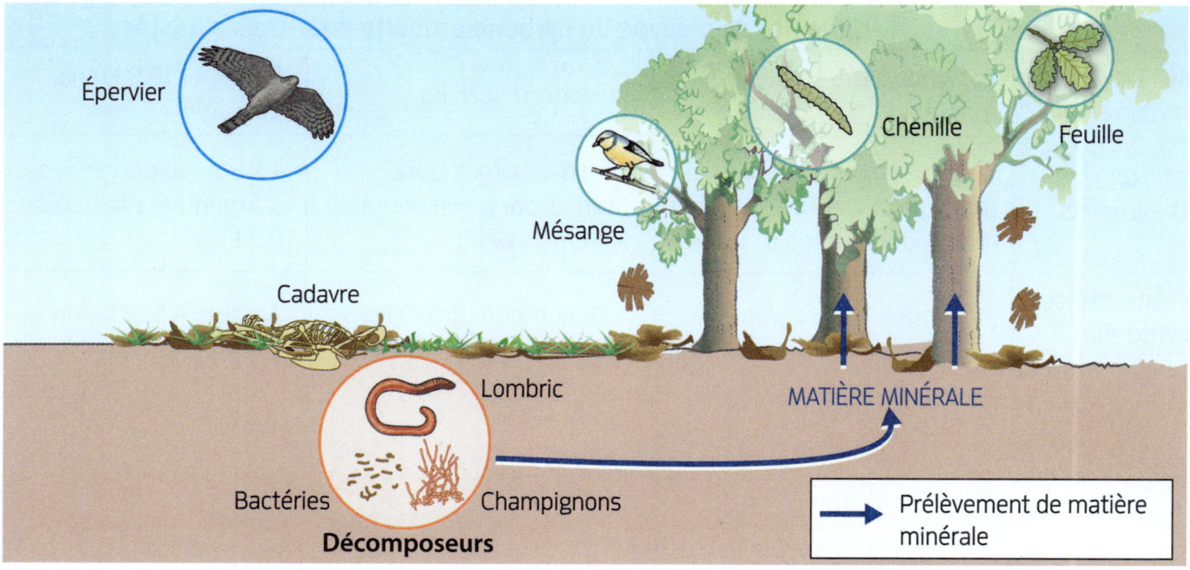

■ **Les relations alimentaires dans l'écosystème forêt.**

Je retiens *les mots-clés*

■ **Complète** la définition.

Écosystème : ....

....

....

Activités humaines et impacts locaux

Je retiens *l'essentiel*

■ **Souligne** les mots importants.

> En modifiant les écosystèmes, les humains peuvent subvenir à leurs besoins alimentaires. Ainsi, de nombreuses techniques utilisées dans les agrosystèmes permettent d'augmenter le rendement des cultures, mais ont des impacts négatifs sur l'environnement (pollutions par exemple).

> D'autres activités humaines, telles que l'introduction d'une nouvelle espèce, peuvent modifier profondément l'organisation d'un écosystème.

> Depuis plusieurs années, l'être humain a pris conscience de l'importance des écosystèmes et essaie de les préserver, en modifiant ses pratiques culturales par l'agriculture raisonnée et en créant des réserves naturelles.

Je m'évalue avec *un document*

■ **Écris** sous chaque photographie si l'activité humaine présentée contribue à la préservation ou à la dégradation de l'écosystème.

....

....

■ **Impact de l'activité humaine sur les écosystèmes.**

Je retiens *les mots-clés*

■ **Complète** les définitions.

Agrosystème : ....

....

Agriculture raisonnée : ....

....

Activités humaines et impacts globaux

Je retiens *l'essentiel*

■ **Souligne** les mots importants.

> Aujourd'hui, les activités humaines sont mises en cause dans des modifications globales et rapides des écosystèmes. En effet, les scientifiques notent depuis quelques dizaines d'années une augmentation de la température terrestre en relation avec l'augmentation des émissions de gaz à effet de serre par les activités humaines. Cette élévation de température a des répercussions sur les écosystèmes du monde entier.

> Des décisions politiques peuvent modifier le rythme des activités humaines, et impacter positivement ou négativement l'environnement.

Je m'évalue avec *un document*

■ **Indique** le phénomène responsable du problème du blanchiment des coraux.

Le blanchiment des coraux est lié à une augmentation de la température de l'eau. La cause de ce problème global est ....

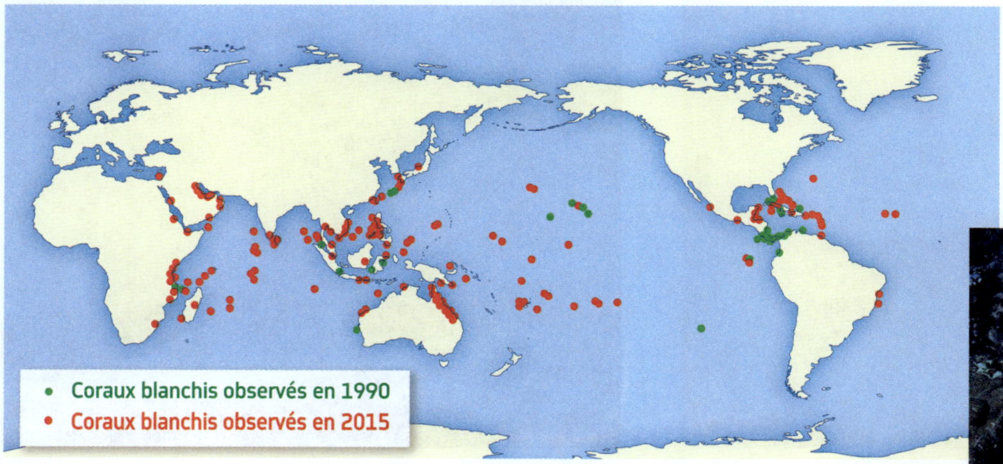

■ **Évolution de la répartition du blanchiment des coraux entre 1990 et 2015.**

Je retiens *les mots-clés*

■ **Complète** la définition.

Gaz à effet de serre : ....

....

....

....

Je construis *un schéma-bilan*

- **Indique,** au centre du dessin, les caractéristiques de tout écosystème.
- **Légende** les activités humaines à l'échelle locale et régionale ayant des impacts soit négatifs, soit positifs, sur les écosystèmes.
- **Légende** les activités humaines à l'échelle globale ayant des impacts soit négatifs, soit positifs, sur les écosystèmes.

Écosystèmes et activités humaines

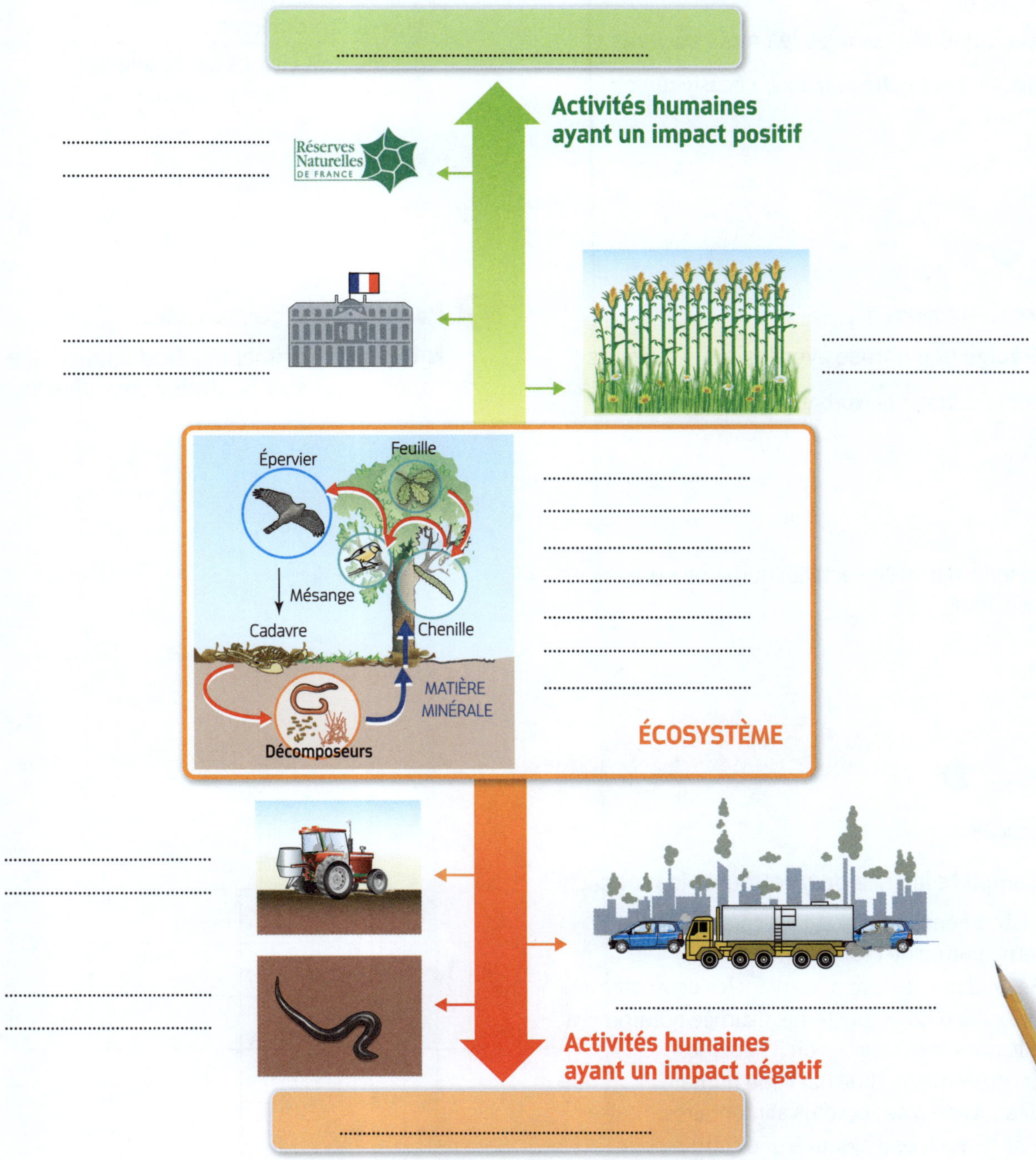

Je teste **mes connaissances**

1 QCM

■ **Choisis** la bonne affirmation.

Les écosystèmes :

- ☐ ont tous les mêmes paramètres physiques.
- ☐ sont tous de la même taille.
- ☐ sont tous constitués d'un ensemble d'êtres vivants en étroite relation entre eux.
- ☐ possèdent tous les mêmes espèces.

2 Remue-méninges

■ **Écris** une phrase avec les mots suivants :

activité • paramètre physique • écosystème • humain

....

3 Vrai ou Faux ?

	Vrai	Faux
Tous les écosystèmes sont organisés de la même manière (des êtres vivants et leur milieu).		
La biodiversité est identique d'un écosystème à l'autre.		
Des relations alimentaires existent entre les êtres vivants d'un même écosystème.		
Deux écosystèmes très proches peuvent être différents.		
Tous les êtres vivants ont besoin des mêmes paramètres physiques.		

4 Remue-méninges

■ **Rédige** une phrase avec les mots suivants :

a. introduction • perturbation • écosystème • espèce

....

....

b. réserve naturelle • activité humaine • préserver • écosystème

....

....

5 Restituer une connaissance

■ **Explique** comment l'introduction d'une espèce peut être mauvaise pour un écosystème.

....

....

....

....

....

....

....

6 MOT CACHÉ

■ **Complète** la grille pour retrouver le mot caché.

a. Phénomène observé sur les coraux lorsque la température de l'eau augmente.

b. Se dit d'une réserve préservant les écosystèmes.

c. Diversité d'un écosystème, estimée notamment par le nombre d'espèces qu'il héberge.

d. Écosystème modifié par l'être humain pour subvenir à ses besoins alimentaires.

e. Élément minéral ajouté à une culture pour augmenter le rendement de celle-ci.

f. Activité humaine qui consiste à remplacer la forêt par des terres cultivées.

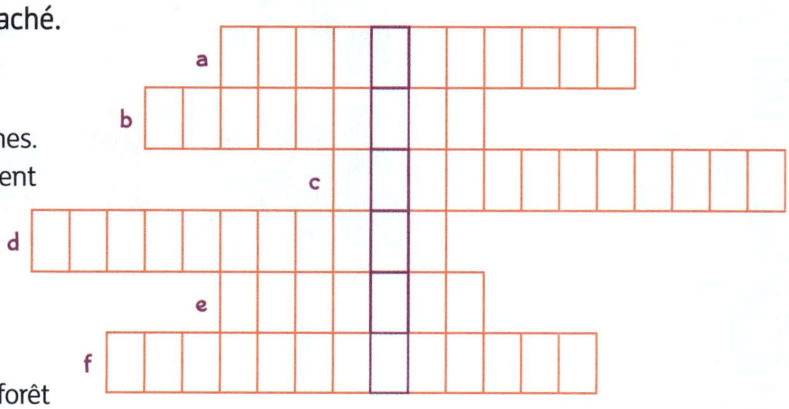

Compétence | **Communiquer sur ses démarches, ses résultats et ses choix, en argumentant**

1 • *Je sais faire la différence entre cause et conséquence*

■ **Indique** sur les pointillés si la proposition en bleu est une cause ou une conséquence.

- La déforestation contribue au changement climatique **car elle libère des gaz à effet de serre**.

....

- Comme l'eau est chaude, **elle est peu oxygénée**. ....

- **Étant donné que les activités humaines libèrent beaucoup de CO_2**, la température de la Terre augmente.

....

2 • *Je sais utiliser des connecteurs logiques*

■ **Complète** le texte avec les connecteurs logiques suivants : d'ailleurs • donc • comme • néanmoins • alors.

Les récifs coralliens hébergent une grande biodiversité et semblent éternels. .... ils sont sensibles à la moindre augmentation de température de l'eau et blanchissent. .... le changement climatique entraîne une augmentation de la température de l'atmosphère et des océans, ... les coraux sont en danger. .... dans de nombreuses régions du monde, les coraux blanchissent. Il faut .... préserver les récifs coralliens.

3 • *Je vérifie que je sais écrire un texte argumenté*

■ **Donne** ton avis à propos des réserves naturelles, en utilisant trois de ces arguments, reliés par des connecteurs logiques.

- Elles permettent de préserver des espèces parfois menacées.
- Elles empêchent la liberté des individus.
- Elles permettent de découvrir des paysages exceptionnels.
- Elles ne permettent pas de faire du camping.
- Elles permettent de belles randonnées en famille ou entre amis.
- On ne peut pas circuler en véhicule dans une réserve naturelle.
- Elles permettent de préserver des espèces parfois nuisibles.
- Elles offrent des terrains d'expérimentation et de suivis scientifiques privilégiés.

....
....
....
....
....
....
....
....
....
....
....
....

5 CHAPITRE Nutrition et organisation des animaux

Les besoins nutritifs des animaux

Je retiens *l'essentiel*

■ **Souligne** les mots importants.

> Les animaux doivent produire de l'énergie pour assurer le fonctionnement de leur organisme et leur croissance. Pour cela, ils prélèvent de la matière dans leur milieu : c'est la nutrition.

> Les besoins des organismes animaux sont liés à ceux de leurs organes : pour fonctionner, les organes utilisent du dioxygène et des nutriments.

> Les animaux prélèvent le dioxygène dans leur milieu grâce à leur système respiratoire : poumons ou trachées en milieu aérien, et branchies en milieu aquatique. Ils prélèvent des aliments qu'ils transforment en nutriments dans leur système digestif.

Je m'évalue avec *un document*

■ **Écris**, à côté de cette photographie, le nom des activités permettant le fonctionnement des organes de cet animal et de son petit.

....

....

....

....

....

■ Un panda et son petit dans leur milieu.

Je retiens *les mots-clés*

■ **Complète** les définitions.

Nutrition : ....

....

Système respiratoire : ....

....

Système digestif : ....

....

Le rôle de la circulation sanguine dans la nutrition des animaux

Je retiens *l'essentiel*

■ **Souligne** les mots importants.

> Les éléments nécessaires au fonctionnement des organes animaux passent dans le sang, au niveau du système respiratoire pour le dioxygène, et au niveau de l'intestin pour les nutriments.
Dans de nombreux groupes comme les mammifères ou les oiseaux, la circulation du sang, dans un système clos de vaisseaux sanguins, assure la distribution du dioxygène et des nutriments aux organes. Le sang est mis en mouvement par le cœur.

> Dans un organe, les cellules, organisées en tissus, utilisent ces éléments pour produire, au cours d'une transformation chimique, de l'énergie nécessaire à leur fonctionnement. Dans les cellules, cette transformation chimique produit des déchets : le dioxyde de carbone et l'urée, rejetés dans le sang. Grâce à la circulation sanguine, le dioxyde de carbone est éliminé vers le milieu extérieur au niveau du système respiratoire. Chez les mammifères, l'urée passe dans l'urine au niveau des reins, puis est ensuite rejetée dans le milieu extérieur.

Je m'évalue avec *un document*

■ **Complète** le texte qui décrit le schéma :

Le cœur possède .... cavités.
Le sang issu des organes, ...
en dioxygène, arrive dans la partie
.... du cœur. Il sort ensuite du
cœur et va vers .... où il s'enrichit
en .... Le sang retourne ensuite
au cœur, dans la partie .... , qui
le renvoie vers ....

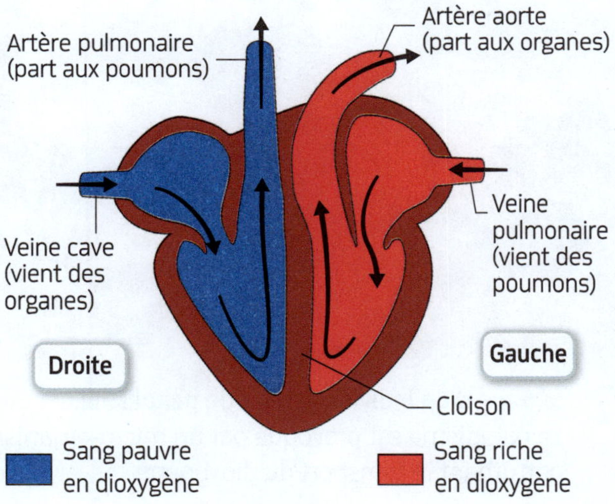

■ **Schéma simplifié du cœur vu en face ventrale.**

Je retiens *les mots-clés*

■ **Complète** les définitions.

Transformation chimique : ....

....

Rein : ....

Cœur : ....

Le rôle des micro-organismes dans la nutrition des animaux

Je retiens *l'essentiel*

■ **Souligne** les mots importants.

> Certains micro-organismes peuvent faciliter ou au contraire perturber la nutrition des animaux. Leur action passe par une modification de l'apport en dioxygène et/ou en nutriments.

Je m'évalue avec *un document*

■ **Légende** la photographie avec les mots *globule rouge* et *micro-organisme*.

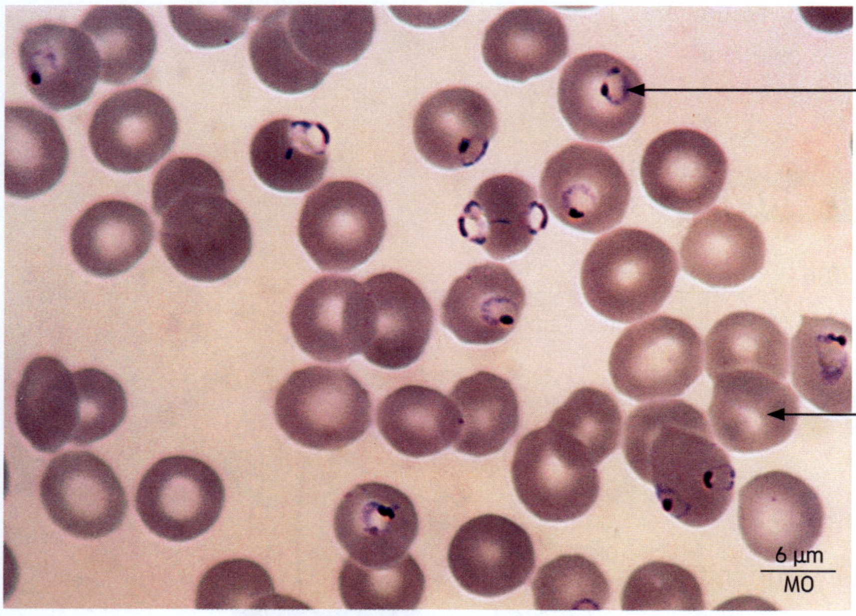

....

....

■ **Sang d'un individu atteint de paludisme.**
Le paludisme est provoqué par un micro-organisme, qui infecte les globules rouges du sang, perturbant le transport du dioxygène.

Je retiens *les mots-clés*

■ **Complète** la définition.

Micro-organisme : ....

....

....

....

Je construis un schéma-bilan

■ **Complète** le nom des systèmes permettant à l'organisme d'assurer sa nutrition. **Ajoute** par des flèches les éléments prélevés par l'animal dans son milieu.

■ **Écris** au niveau de la cellule ce qui caractérise sa nutrition. **Schématise** la circulation sanguine. N'oublie pas le transport et l'élimination des déchets.

■ **Ajoute** une case sur les micro-organismes pour montrer leur rôle dans la nutrition des animaux.

Nutrition et organisation des animaux (exemple des mammifères)

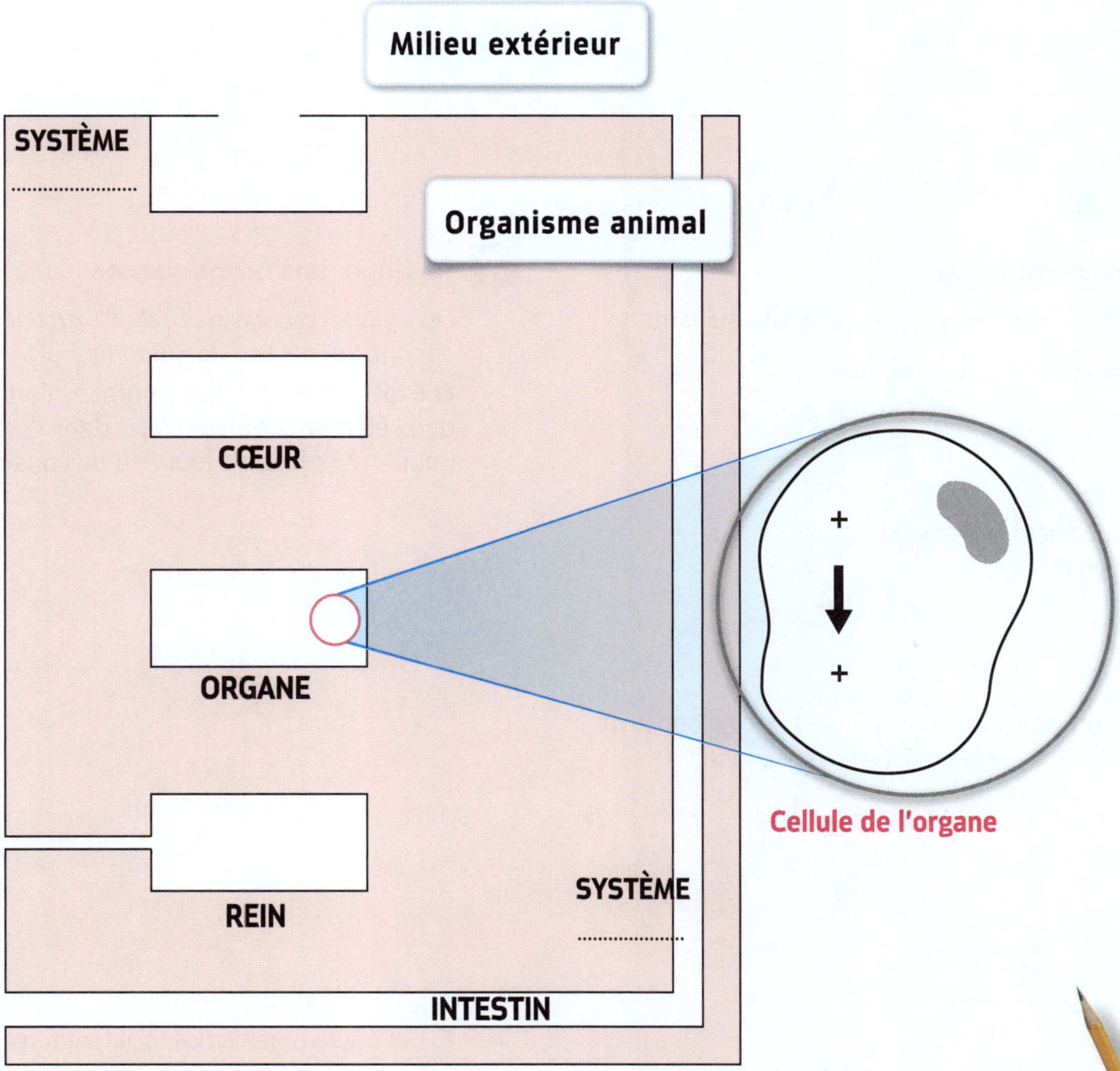

Je teste mes connaissances

1 QCM

■ **Coche** la bonne proposition.

Les animaux ont besoin :

- ☐ seulement de nourriture pour leur croissance et leur fonctionnement.
- ☐ de nourriture et de dioxygène pour leur croissance uniquement.
- ☐ de nourriture et de dioxygène pour leur croissance et leur fonctionnement.
- ☐ seulement de dioxygène pour leur croissance et leur fonctionnement.

2 Vrai ou Faux ?

	Vrai	Faux
Les insectes respirent par la bouche.		
Les poumons se terminent par de petits sacs appelés alvéoles.		
Le système digestif comprend de nombreux organes dont l'intestin, le foie et le cœur.		
Les éléments prélevés par un animal dans le milieu extérieur permettent de produire de l'énergie.		
Les mammifères respirent grâce à leurs branchies.		

3 Remue-méninges

■ **Écris** une phrase avec les mots suivants :

a. sang • air • alvéole pulmonaire

....

....

b. nutriment • organe • vaisseau sanguin • dioxygène

....

....

c. poumon • autre organe • cœur • sang appauvri en dioxygène • sang riche en dioxygène

....

....

4 Restituer une connaissance

Les organes consomment du dioxygène et des nutriments pour fonctionner.

■ **Explique** en quelques phrases l'origine de ces deux éléments et leur trajet dans l'organisme pour arriver jusqu'à leur lieu de consommation.

....

....

....

....

....

....

....

....

5 QCM

■ **Coche** la (ou les) bonne(s) affirmation(s).

Certains animaux sont en interaction avec des micro-organismes qui ont une influence sur leur nutrition :

- ☐ Ces micro-organismes nuisent toujours à la nutrition des animaux.
- ☐ Ces micro-organismes facilitent toujours la nutrition des animaux.
- ☐ Ces micro-organismes facilitent parfois la nutrition des animaux.
- ☐ Ces micro-organismes ne nuisent jamais à la nutrition des animaux.
- ☐ Ces micro-organismes nuisent parfois à la nutrition des animaux.

Compétence | *Interpréter des résultats et en tirer des conclusions*

1 • *Je sais interpréter les résultats d'un tableau*

Gaz \ Air	Inspiré	Expiré
Diazote	78 %	78 %
Dioxygène	21 %	16 %
Dioxyde de carbone	0,04 %	5 %
Gaz rares	≈ 1 %	≈ 1%

■ **Composition de l'air inspiré et expiré par un animal.**

■ **Coche** la bonne affirmation.

a. D'après ce tableau, on peut déduire que :

- ☐ l'organisme consomme du dioxyde de carbone.
- ☐ la composition de l'air ne varie pas au cours de la respiration.
- ☐ l'organisme consomme du dioxygène.
- ☐ l'air expiré est plus riche en dioxygène que l'air inspiré.

b. D'après ce tableau, on peut déduire que :

- ☐ le diazote est consommé par l'organisme.
- ☐ le dioxyde de carbone est rejeté par l'organisme.
- ☐ les gaz rares sont consommés par l'organisme.
- ☐ le dioxyde de carbone est consommé par l'organisme.

2 • *Je sais interpréter une courbe*

On a mesuré la teneur en glucose de réserve dans des muscles dans trois situations : effort faible, modéré et intense.

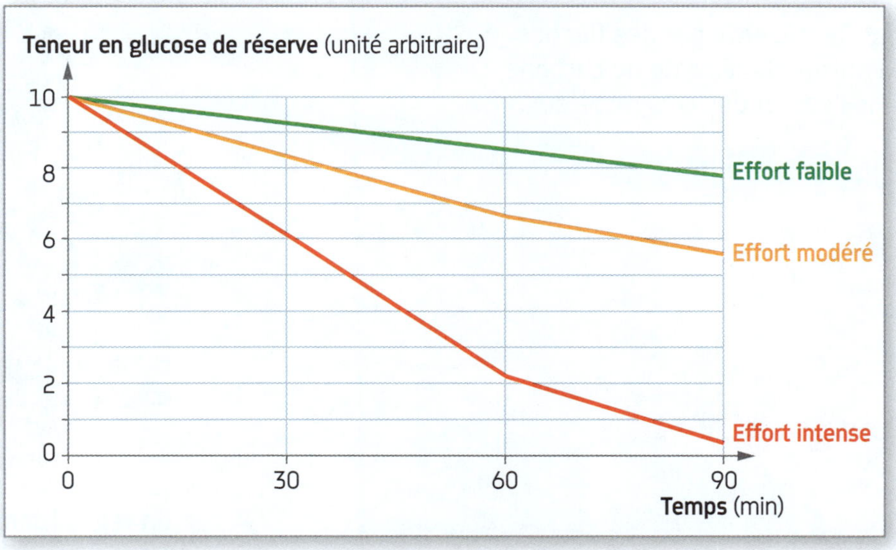

■ **Indique** de quoi les muscles ont besoin pour leur fonctionnement.

....

....

■ **Explique** les différences constatées entre les trois courbes.

....

....

....

....

6 CHAPITRE Nutrition et organisation des plantes

La nutrition des plantes à l'échelle de l'organisme

Je retiens *l'essentiel*

■ **Souligne** les mots importants.

> Les plantes chlorophylliennes sont des organismes qui réalisent la photosynthèse : elles produisent, en présence de lumière, leur matière organique au niveau des organes chlorophylliens tels que les feuilles. Pour cela, les feuilles prélèvent le dioxyde de carbone de l'air. Les plantes ont également besoin d'eau et de sels minéraux qu'elles puisent dans le sol par leurs racines.

> L'eau prélevée par les racines atteint les feuilles en circulant dans la sève brute, grâce à un système de transport. Une partie de la matière organique produite dans les feuilles atteint des organes de réserve, en circulant dans la sève élaborée, grâce à d'autres vaisseaux. Cette matière organique sera nécessaire pour le développement de la plante, à partir de l'organe de réserve, l'année suivante.

Je m'évalue avec *un document*

■ **Entoure** un organe dans lequel la matière organique est produite.

■ **Représente** par des flèches l'entrée du dioxyde de carbone, de l'eau et des sels minéraux.

■ **Un végétal dans son milieu.**

Je retiens *les mots-clés*

■ **Complète** la définition.

Matière organique : ....

....

....

La nutrition des plantes à l'échelle des cellules

Je retiens *l'essentiel*

■ **Souligne** les mots importants.

> Au niveau des feuilles, le dioxyde de carbone entre par les stomates. Les racines prélèvent l'eau du sol grâce à leurs très nombreux poils absorbants. Feuilles et poils absorbants permettent de prélever les éléments nécessaires à la photosynthèse, qui se déroule dans les cellules chlorophylliennes des feuilles. La photosynthèse permet le stockage, en journée, de matière organique dans les chloroplastes des cellules chlorophylliennes.

> La sève brute est composée d'eau et de sels minéraux. Elle est issue des racines et circule vers les feuilles dans un système de transport constitué d'un enchaînement de cellules. La sève élaborée est constituée de matière organique et d'eau. Elle est issue des feuilles et circule vers les parties non chlorophylliennes dans un autre système de transport composé d'un enchaînement de cellules.

Je m'évalue avec *un document*

■ **Entoure** sur le dessin la structure de la feuille permettant l'entrée du dioxyde de carbone dans la plante.

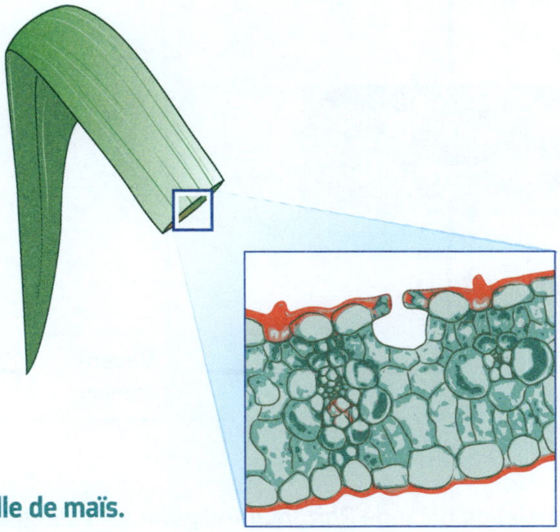

■ Coupe transversale d'une feuille de maïs.

Je retiens *les mots-clés*

■ **Complète** les définitions.

Stomate : ....

....

Poil absorbant : ....

....

La nutrition des plantes en lien avec des micro-organismes

Je retiens *l'essentiel*

■ **Souligne** les mots importants.

> Chez certaines plantes, des bactéries s'associent aux racines, formant des nodosités. Les bactéries permettent à la plante un meilleur approvisionnement en azote, et la plante fournit à la bactérie des molécules organiques. Cela permet une meilleure croissance de la plante et un meilleur développement des bactéries. Cette association confère un avantage aux bactéries et à la plante : c'est une symbiose.

Je m'évalue avec *un document*

■ **Entoure** les éléments qui indiquent que cette association satisfait à la définition de symbiose.

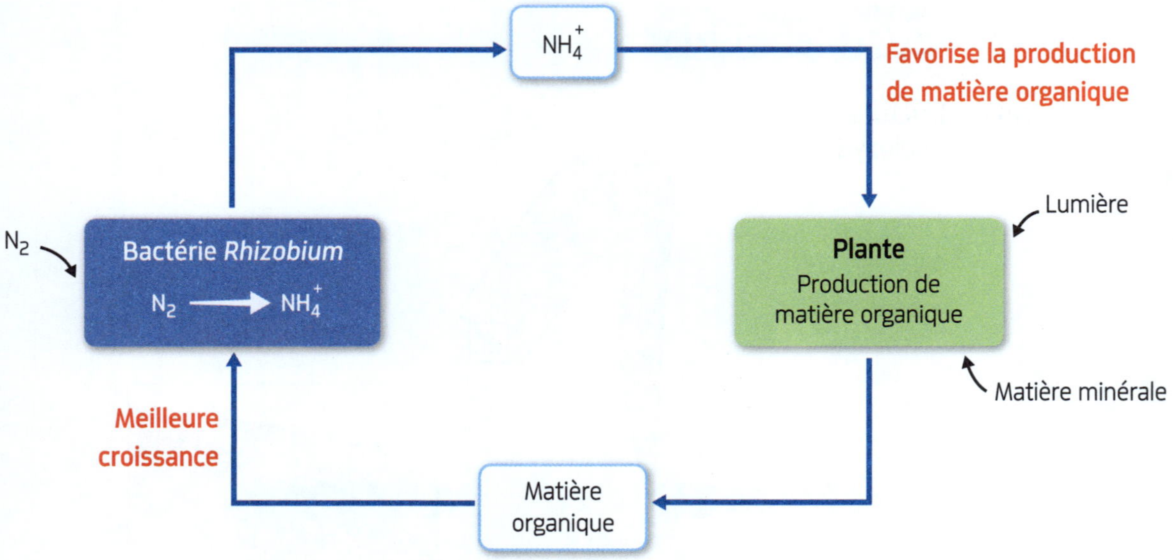

■ **L'association bactérie *Rhizobium*-végétal, un exemple de symbiose.**

Je retiens *les mots-clés*

■ **Complète** les définitions.

Nodosité : ....

....

Symbiose : ....

....

Je construis un schéma-bilan

- **Légende** le schéma à l'échelle des organes avec les éléments importants pour la nutrition des plantes : nom des organes, rôle, etc.
- **Légende** le schéma à l'échelle cellulaire avec les éléments importants pour la nutrition des plantes.
- **Complète** la zone racinaire où existe une association avec un autre organisme.

Nutrition et organisation des plantes

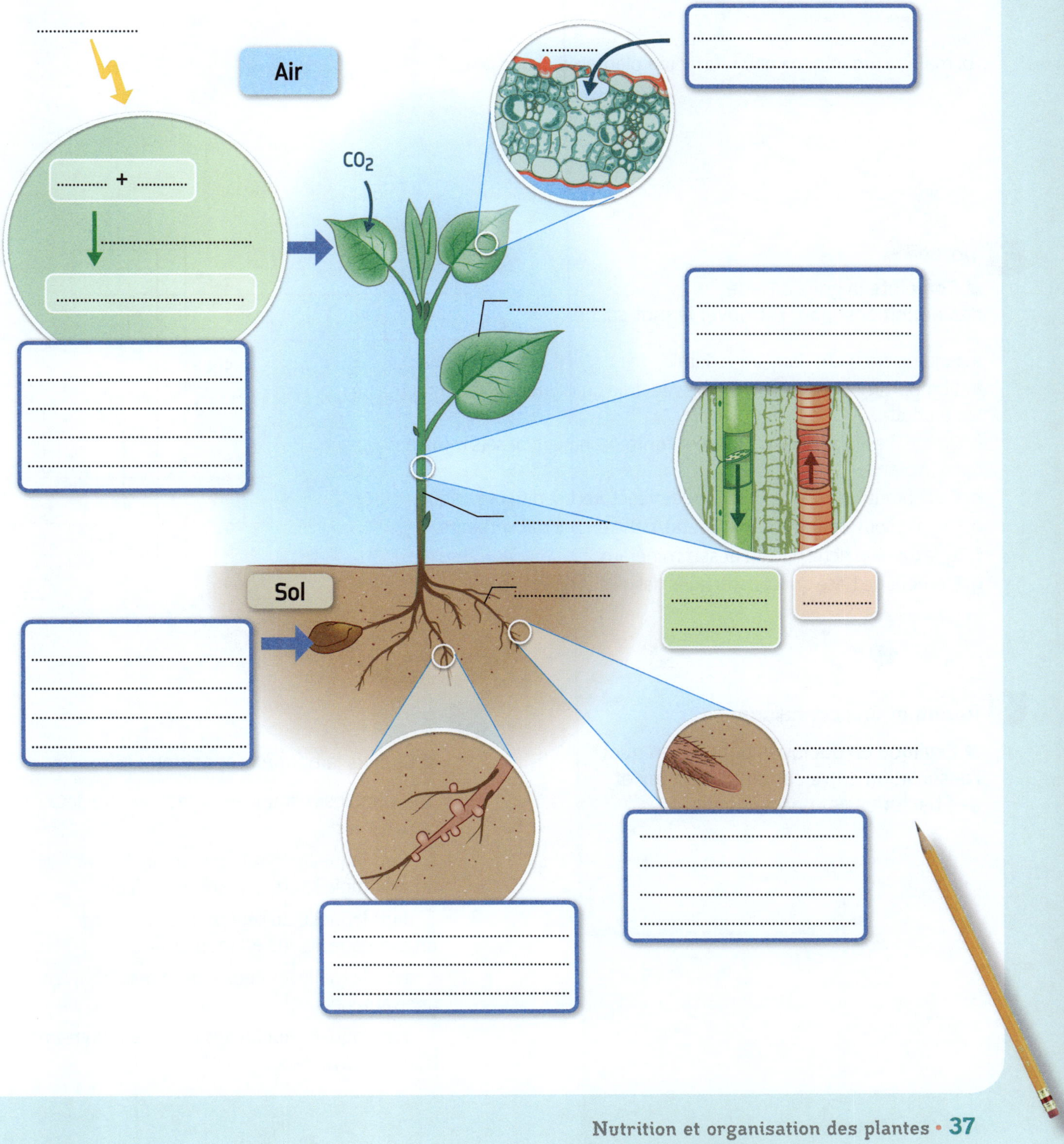

Je teste mes connaissances

1 Connaître le vocabulaire du chapitre

■ **Relie** par un trait le mot à la définition qui lui correspond :

Feuille •	• Tube dans lequel se déplace la sève brute ou élaborée
Racine •	• Organe permettant l'entrée du dioxyde de carbone dans la plante
Organe de réserve •	• Organe permettant de prélever l'eau et les sels minéraux
Système de transport •	• Organe végétal, riche en matière organique, capable de résister en hiver

2 Remue-méninges

■ **Écris** une phrase avec les mots suivants :

a. matière organique • feuille • plante • dioxyde de carbone

....

b. matière organique • eau • lumière • plante • dioxyde de carbone

....

....

3 MOT CACHÉ

■ **Complète** la grille à l'aide des définitions, pour retrouver le mot caché.

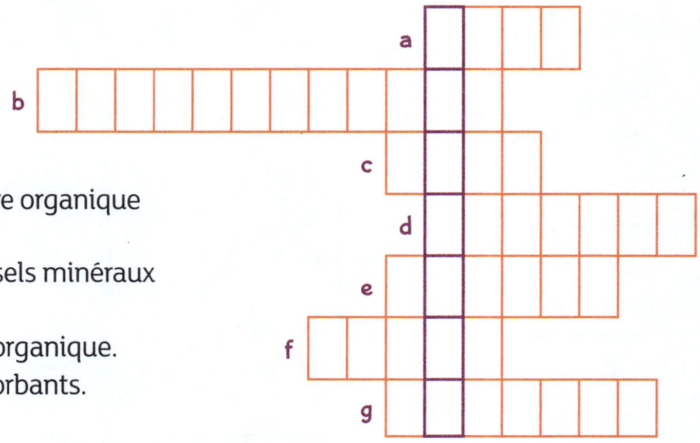

a. Liquide circulant dans un végétal.
b. Compartiment dans une cellule végétale où la matière organique est produite.
c. Quand il est absorbant, il permet l'entrée d'eau et de sels minéraux dans la plante.
d. Celle produite dans les feuilles des végétaux est dite organique.
e. Organe souterrain chez un végétal, riche en poils absorbants.
f. Type de sève riche en eau et sels minéraux.
g. Élément de base qui constitue les tissus des organes.

4 Restituer une connaissance

■ **Explique** en quelques phrases en quoi l'association entre certains végétaux et des bactéries est une symbiose.

....

....

....

....

....

....

5 QCM

■ **Choisis** la bonne proposition :

Une symbiose est une association entre deux organismes :

- ☐ dans laquelle un seul partenaire trouve un avantage, l'autre n'étant pas affecté.
- ☐ dans laquelle un seul partenaire trouve un avantage, l'autre allant mourir.
- ☐ dans laquelle les deux partenaires trouvent un avantage.
- ☐ dans laquelle aucun des deux partenaires ne trouve un avantage.

Compétence | Réaliser une observation au microscope d'une coupe d'un organe végétal

1 • Je sais utiliser correctement le microscope

■ **Replace** dans le bon ordre les étapes d'utilisation du microscope.

	Ordre correct
Je dépose la préparation sur la platine et j'allume le microscope.	
Je fais une mise au point avec la petite vis pour obtenir une image nette.	
J'effectue un réglage avec la grosse vis de mise au point jusqu'à obtenir une image nette.	
J'explore la préparation pour trouver une zone intéressante, que je place au centre du champ d'observation.	
Je vérifie que le petit objectif est placé dans l'axe du tube optique.	
Je passe à un objectif plus puissant.	

2 • Je sais repérer une coupe transversale sur un organe végétal

■ **Coche** la bonne réponse.

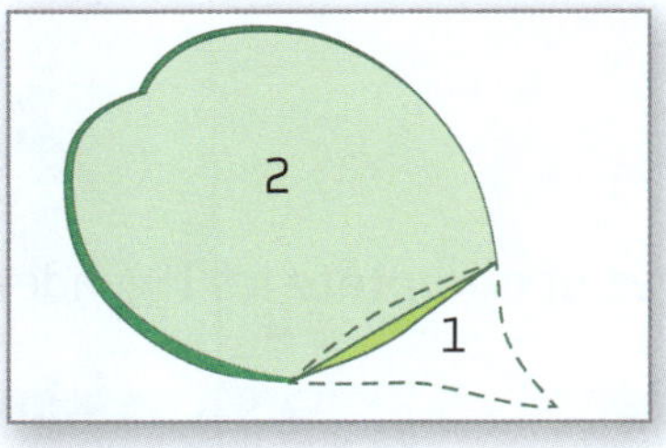

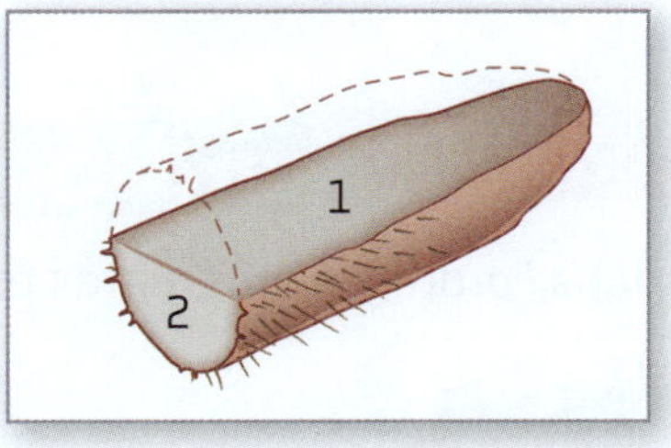

a. Sur la feuille, la coupe transversale correspond à la coupe :

☐ 1 ☐ 2

b. Sur la racine, la coupe transversale correspond à la coupe :

☐ 1 ☐ 2

3 • J'ai compris la notion de grossissement et d'échelle

■ **Indique** la formule permettant de déterminer le grossissement d'observation du microscope.

....

....

■ **Réalise** le calcul permettant de déterminer, à partir de l'échelle, la longueur de la cellule repérée par la flèche.

....

....

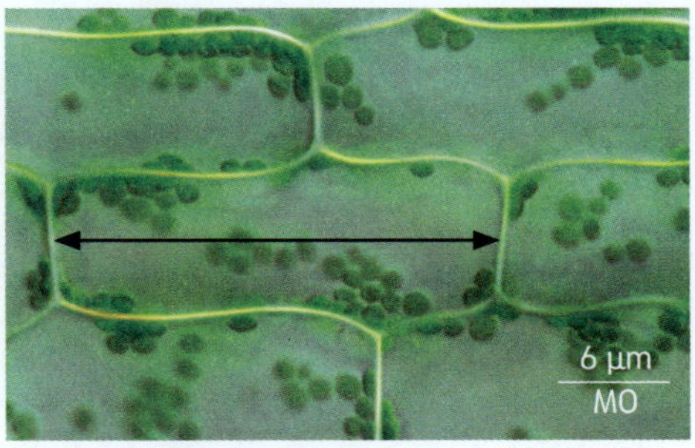

■ **Des cellules végétales.**

CHAPITRE 7

Reproduction sexuée et asexuée : dynamique des populations

La reproduction sexuée

Je retiens *l'essentiel*

■ **Souligne** les mots importants.

> La reproduction sexuée des êtres vivants fait intervenir deux gamètes : ovule et spermatozoïde, qui s'unissent lors de la fécondation. Celle-ci aboutit à la formation d'une cellule-œuf, première cellule du nouvel individu. Chez les animaux, la fécondation se fait dans le milieu aquatique ou dans le corps de la femelle. Chez les plantes à fleurs, les grains de pollen, renfermant les cellules reproductrices mâles produites par une fleur, assurent la fécondation d'une cellule reproductrice femelle d'une autre fleur. C'est ainsi que se forme une graine, dans un fruit.

> La rencontre des gamètes est facilitée par différents mécanismes : chez les plantes à fleurs, le vent ou les insectes assurent le transport du pollen ; chez les animaux, la parade nuptiale facilite le rapprochement des partenaires et, en milieu aquatique, les gamètes sont attirés par des substances chimiques.

> Pour se maintenir dans son milieu, une population d'êtres vivants doit trouver les éléments nécessaires pour son habitat et sa nourriture : la quantité d'aliments conditionne la réussite de la reproduction et la survie des individus. Le milieu a donc une influence sur la dynamique de la population.

Je m'évalue avec *un document*

■ **Numérote** dans l'ordre les différentes étapes de la reproduction sexuée et **complète** les légendes.

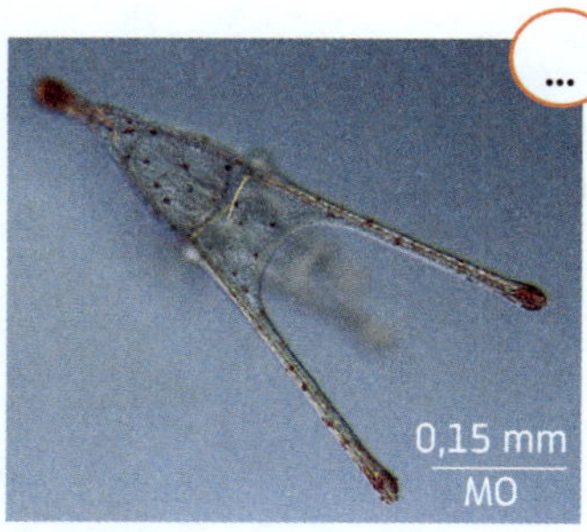

Nouvel individu

....

....

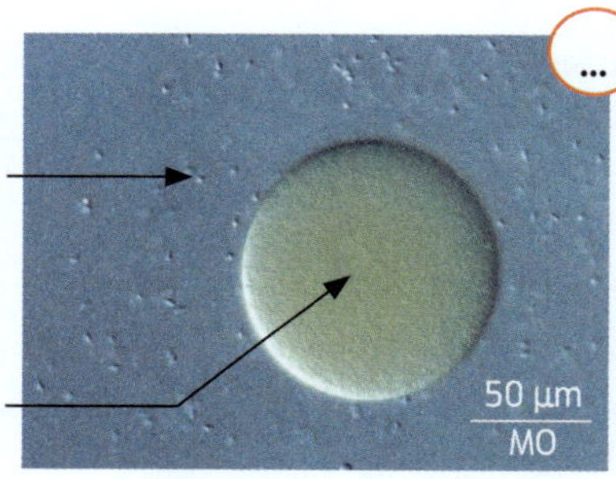

....

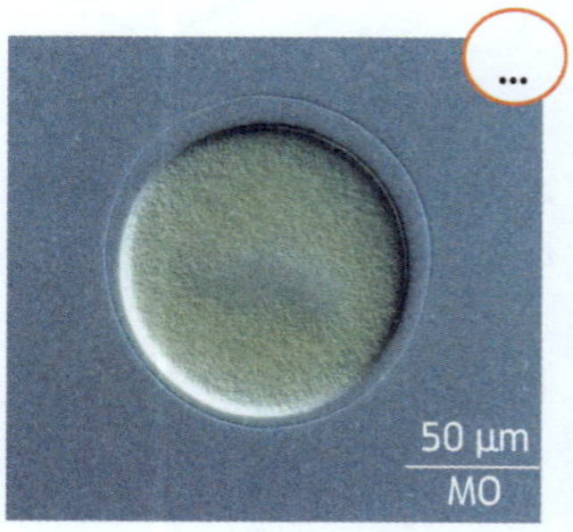

....

■ **Les étapes de la reproduction sexuée de l'oursin.**

Je retiens *les mots-clés*

■ **Complète** les définitions.

Spermatozoïde : ....

Ovule : ....

Fécondation : ....

Dynamique des populations : ....

La reproduction asexuée

Je retiens *l'essentiel*

■ **Souligne** les mots importants.

> En plus de la reproduction sexuée, les plantes à fleurs se reproduisent à l'aide d'organes particuliers tels que les stolons ou les bulbilles. Ces organes n'étant pas issus d'une fécondation, il s'agit d'une reproduction asexuée. Ce mode de reproduction permet aux végétaux de produire rapidement de nouveaux individus et d'envahir un milieu.

> Chez certaines espèces animales, une reproduction asexuée est possible : chez des animaux unicellulaires, une simple division cellulaire permet de générer deux individus.

Je m'évalue avec *un document*

■ **Entoure** l'organe qui prouve que le fraisier a un mode de reproduction sexuée.

■ **Indique** par une flèche et nomme les organes assurant une reproduction asexuée.

....

....

■ **Pieds de fraisiers.**

Je retiens *les mots-clés*

■ **Complète** les définitions.

Stolon : ....

....

Bulbille : ....

....

....

La transmission du patrimoine génétique

Je retiens *l'essentiel*

■ **Souligne** les mots importants.

> Les différents modes de reproduction permettent la transmission du patrimoine génétique. Un individu issu d'une reproduction sexuée reçoit la moitié du patrimoine génétique de chacun de ses parents : il présente une nouvelle association de caractères. La reproduction sexuée est donc une source de diversité génétique.

> Lors d'une reproduction asexuée, le nouvel individu reçoit le patrimoine génétique d'un seul parent : il présente les mêmes caractéristiques que lui.

Je m'évalue avec *un document*

■ **Montre** comment se fait la transmission du patrimoine génétique :
- **précise** le nombre de chromosomes contenus dans le spermatozoïde, dans l'ovule et dans la cellule-œuf ;
- **colorie** les allèles du descendant.

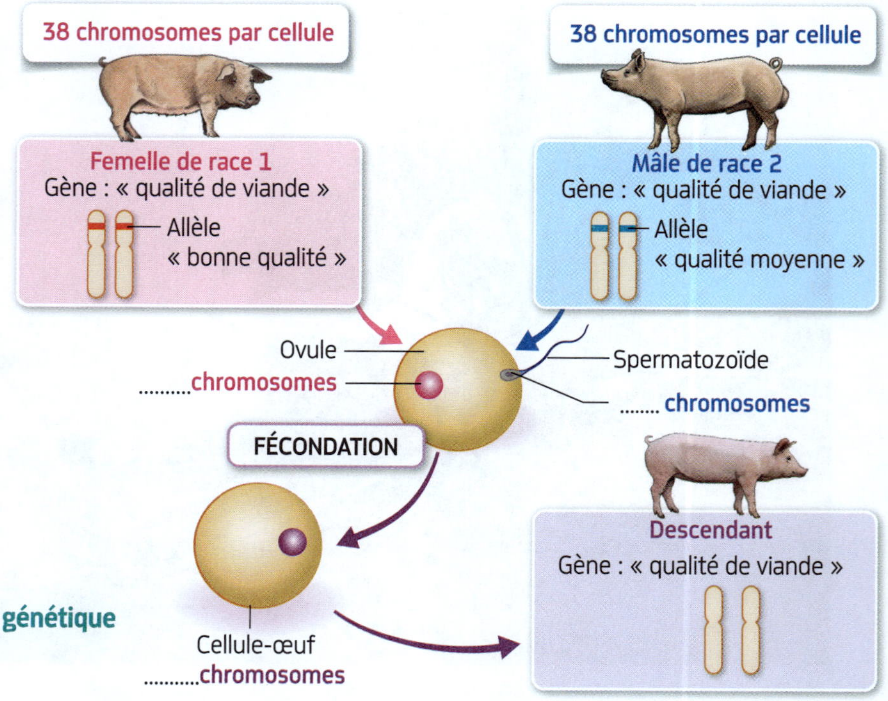

■ **Transmission du patrimoine génétique lors de la reproduction sexuée.**

Je retiens *les mots-clés*

■ **Complète** la définition.

Patrimoine génétique : ....

....

....

Je construis un schéma-bilan

■ **Complète,** au centre, le nom des cellules intervenant dans la reproduction sexuée et le nom de leur union. **Précise** les conditions de la reproduction selon le milieu de vie, sur chaque fiche.

■ **Complète** la partie basse du schéma, en légendant le parent et les descendants.

■ **Précise,** sous les cellules des descendants des reproductions, si le patrimoine génétique des descendants est le même que celui des parents. **Relie** les reproductions à la dynamique des populations.

Reproduction sexuée et asexuée : dynamique des populations

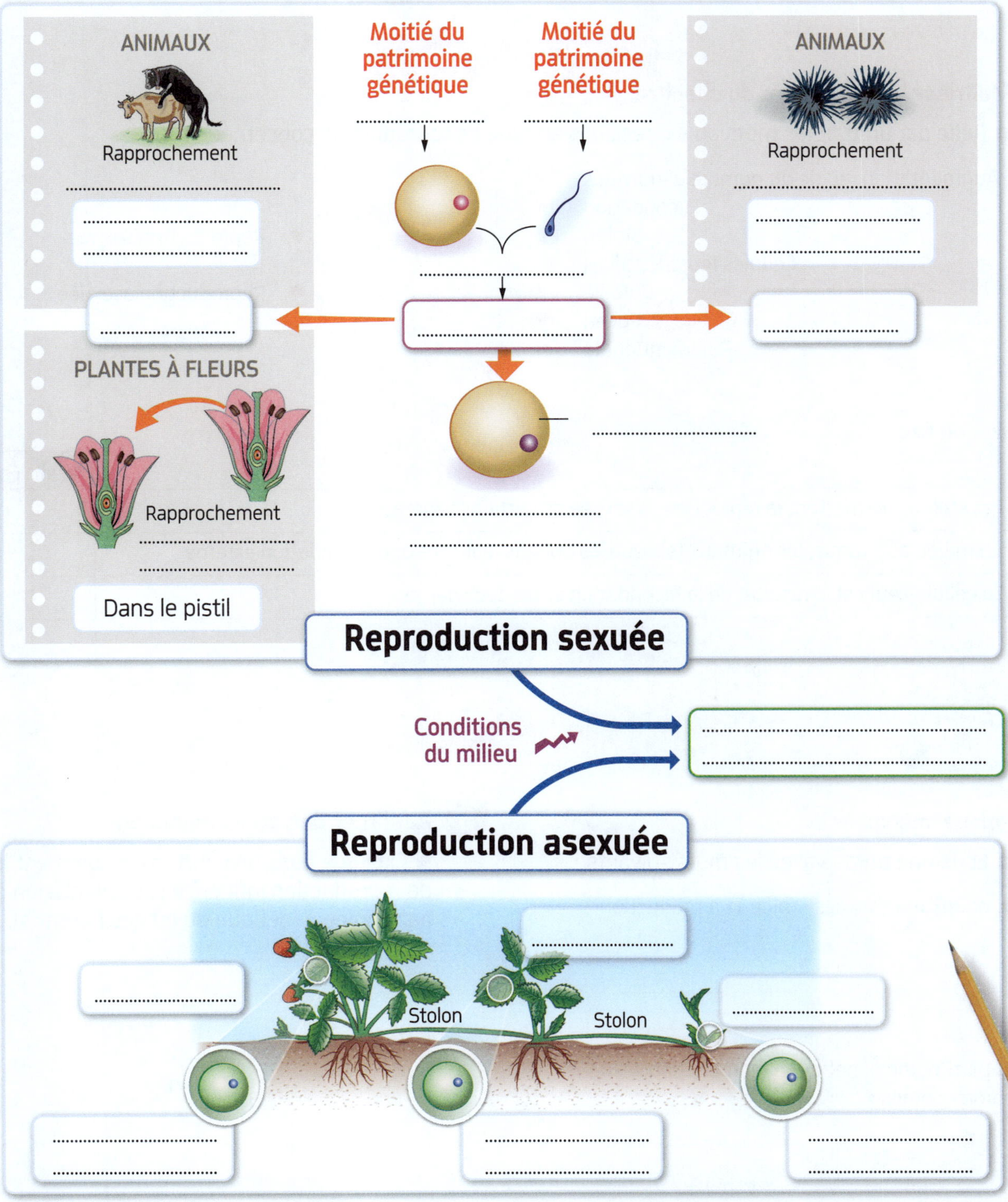

Je teste mes connaissances

1 QCM

■ **Coche,** pour chaque série d'affirmations, celle qui est exacte.

a. La reproduction sexuée :

- ☐ n'existe pas chez les plantes à fleurs.
- ☐ est caractérisée par la rencontre d'une cellule-œuf avec un spermatozoïde.
- ☐ est caractérisée par la rencontre d'un gamète femelle et d'un gamète mâle.
- ☐ ne fait jamais intervenir de fécondation.

b. La fécondation :

- ☐ est interne lorsqu'elle se déroule dans le milieu aquatique.
- ☐ peut être facilitée par l'attraction du spermatozoïde par la cellule reproductrice femelle.
- ☐ se produit lors d'une reproduction asexuée.
- ☐ est indispensable à la reproduction des êtres vivants.

2 Maîtriser le vocabulaire du chapitre

■ **Relie** par un trait les mots ou expressions au type de reproduction concernée.

Augmentation rapide du nombre d'individus •	
Fécondation •	
Stolon •	• Reproduction sexuée
Cellules reproductrices •	
Bulbille •	• Reproduction asexuée
Pollen •	
Parade nuptiale •	

3 Vrai ou Faux ?

	Vrai	Faux
Les stolons permettent la reproduction sexuée de certains végétaux.		
En milieu aquatique, les animaux tels que les oursins réalisent une fécondation externe.		
La cellule-œuf est le résultat de la fécondation entre deux gamètes.		

4 Remue-méninges

■ **Écris** une phrase avec les mots suivants :

a. nourriture • succès • milieu • reproduction

....

....

b. patrimoine génétique • reproduction sexuée • chromosomes •

....

....

5 Restituer des connaissances

■ **Explique** dans un court texte comment le type de reproduction influence la transmission du patrimoine génétique du ou des parent(s).

....

....

....

....

....

....

....

Interpréter des résultats et en tirer des conclusions

1 • *Je sais comparer des résultats expérimentaux*

Des expériences ont été réalisées afin de tester l'hypothèse suivante : *la croissance du tube généré par un grain de pollen est orientée vers le pistil*. Les expériences et leurs résultats sont présentés ci-dessous.

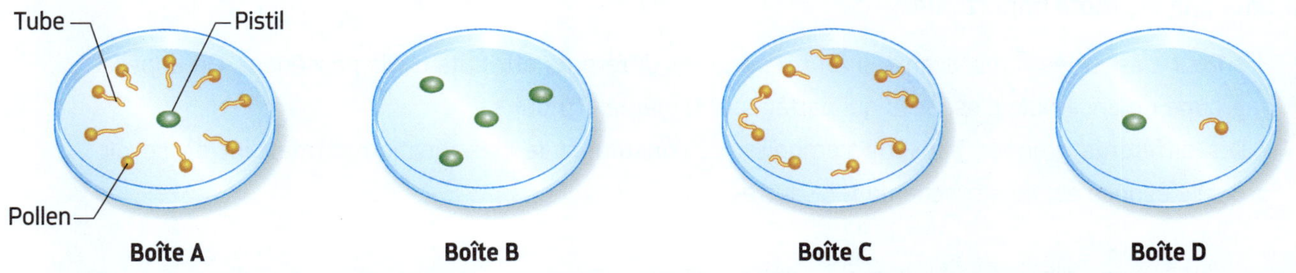

■ **Entoure** la (ou les) boîte(s) permettant de tester l'hypothèse.

2 • *Je sais déduire des informations en reliant les résultats à la problématique*

Lors de certains types d'accident dans une centrale nucléaire, des particules radioactives peuvent être libérées dans l'atmosphère. En retombant, ces particules contaminent les écosystèmes. Afin de comprendre les conséquences de la radioactivité sur la reproduction des animaux, des scientifiques ont comparé la capacité de reproduction de deux lots d'animaux :

– lot 1 : les animaux n'ingèrent aucune particule radioactive ;

– lot 2 : les animaux boivent tout au long de leur vie de l'eau contenant une faible quantité de particules radioactives. Leurs organes présentent alors un faible taux de radioactivité.

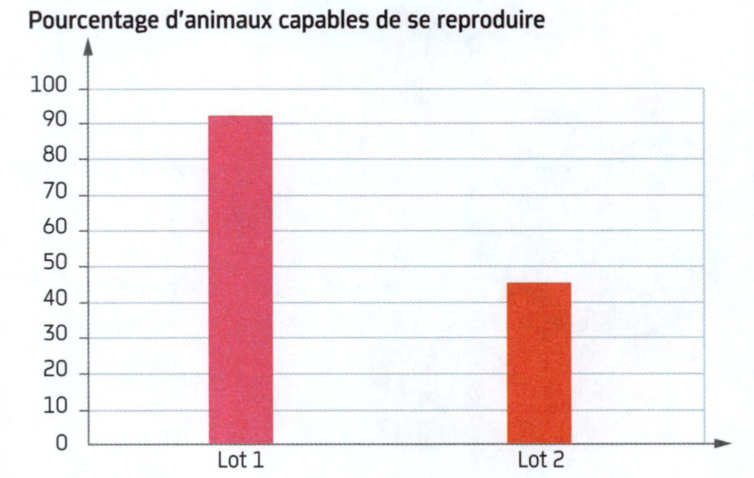

■ **Comparaison de la capacité de reproduction de deux lots d'animaux.**

■ **Complète** les phrases suivantes.

a. Les résultats de l'étude montrent que les animaux du lot 2 se reproduisent ....

....

....

b. La différence observée au niveau des résultats est à mettre en relation avec :

☐ la reproduction ☐ les animaux ☐ la radioactivité ☐ le lot 1

c. On peut déduire de cette étude que ....

....

CHAPITRE 8

La parenté des êtres vivants

La classification des êtres vivants

Je retiens l'essentiel

■ **Souligne** les mots importants.

> Pour classer les êtres vivants, il faut repérer les différents attributs qu'ils possèdent. On appelle groupe un ensemble d'espèces qui partagent un même attribut.
> Les différents groupes peuvent s'emboîter et constituent la classification permettant de savoir quelle espèce est plus proche de telle autre.

Je m'évalue avec un document

■ **Souligne** le nom des attributs, permettant de classer l'Araignée de mer.

L'ARAIGNÉE DE MER

Comment elle vit :

• se déplace en marchant • vit dans l'eau salée

Ce qu'elle possède :

• 2 paires d'antennes • des yeux, une bouche
• 5 paires de pattes • squelette externe

■ **Exemple de carte d'identité d'un animal, l'Araignée de mer.**

Je retiens les mots-clés

■ **Complète** les définitions.

Attribut : ....

....

....

Classification : ....

....

Le partage de caractères par des espèces différentes

Je retiens *l'essentiel*

■ **Souligne** les mots importants.

> La comparaison de différentes espèces montre des plans d'organisation identiques. La présence d'attributs communs permet d'établir des liens de parenté entre les êtres vivants. En effet, les êtres vivants qui partagent le même caractère possèdent un ancêtre commun qui, dans le passé, a transmis ce caractère à tous ses descendants. Cet ancêtre commun reste hypothétique.

> Plus les êtres vivants partagent de caractères communs, plus leur parenté est étroite. Les relations de parenté entre espèces sont représentées sous forme d'un arbre phylogénétique. Les liens de parenté entre les êtres vivants traduisent une évolution du monde vivant.

> La représentation de l'ensemble des liens de parenté entre tous les êtres vivants forme l'arbre du vivant. Il permet de définir des grands groupes.

Je m'évalue avec *un document*

■ **Regroupe** les membres locomoteurs des animaux en entourant ceux qui présentent la plus grande ressemblance.

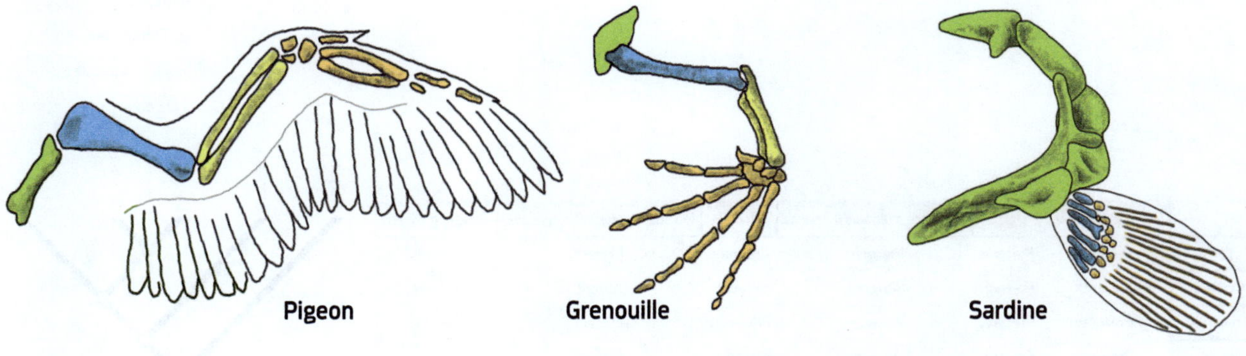

■ **L'organisation du membre locomoteur de trois êtres vivants.**

Je retiens *les mots-clés*

■ **Complète** les définitions.

Ancêtre commun : ....

....

Arbre phylogénétique : ....

....

....

La place de l'espèce humaine dans le vivant

Je retiens *l'essentiel*

■ **Souligne** les mots importants.

> L'espèce humaine actuelle, *Homo sapiens*, partage des caractères communs avec les autres êtres vivants : elle est donc, comme toutes les autres espèces, issue de l'évolution. L'histoire d'*Homo sapiens* fait partie de celle du groupe *Homo* qui a comporté d'autres espèces, aujourd'hui toutes disparues.

> Sur une planète, la présence d'eau liquide, indispensable à la vie, dépend des conditions de pression et de température. La recherche de ces conditions dans et hors du système solaire permet d'orienter les recherches de formes de vie extraterrestres.

Je m'évalue avec *un document*

a. Écris le nom du ou des êtres vivants qui, d'après le tableau, ont le lien de parenté le plus étroit avec le Chat :

....

b. Relie le nom de chaque groupe, sur l'arbre, à l'attribut lui correspondant dans le tableau.

	Crâne et vertèbres	Doigts	Mâchoire inférieure 1 seul os	Plumes	Plus de 3 vertèbres cervicales	Squelette osseux
Chat	Présents	Présents	Présente	Absentes	Présent	Présent
Crapaud	Présents	Présents	Absente	Absentes	Absent	Présent
Mésange	Présents	Présents	Absente	Présentes	Présent	Présent
Archeopteryx	Présents	Présents	Absente	Présentes	Présent	Présent
Requin	Présents	Absents	Absente	Absentes	Absent	Absent

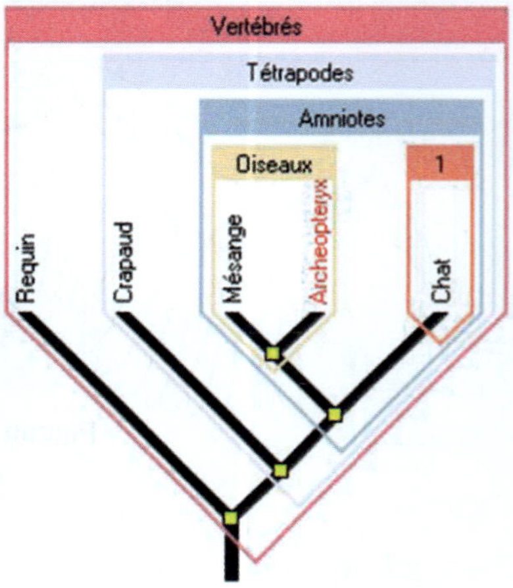

■ **Tableau des attributs et arbre phylogénétique de quelques êtres vivants.**

Je retiens *les mots-clés*

■ **Complète** la définition.

***Homo sapiens* :** ....

....

....

....

Je construis *un schéma-bilan*

- **Complète** la classification en groupes emboîtés.
- **Représente** l'arbre phylogénétique correspondant, avec les ancêtres communs.
- **Schématise** dans la partie basse les conditions de la vie dans et hors du système solaire.

La parenté des êtres vivants

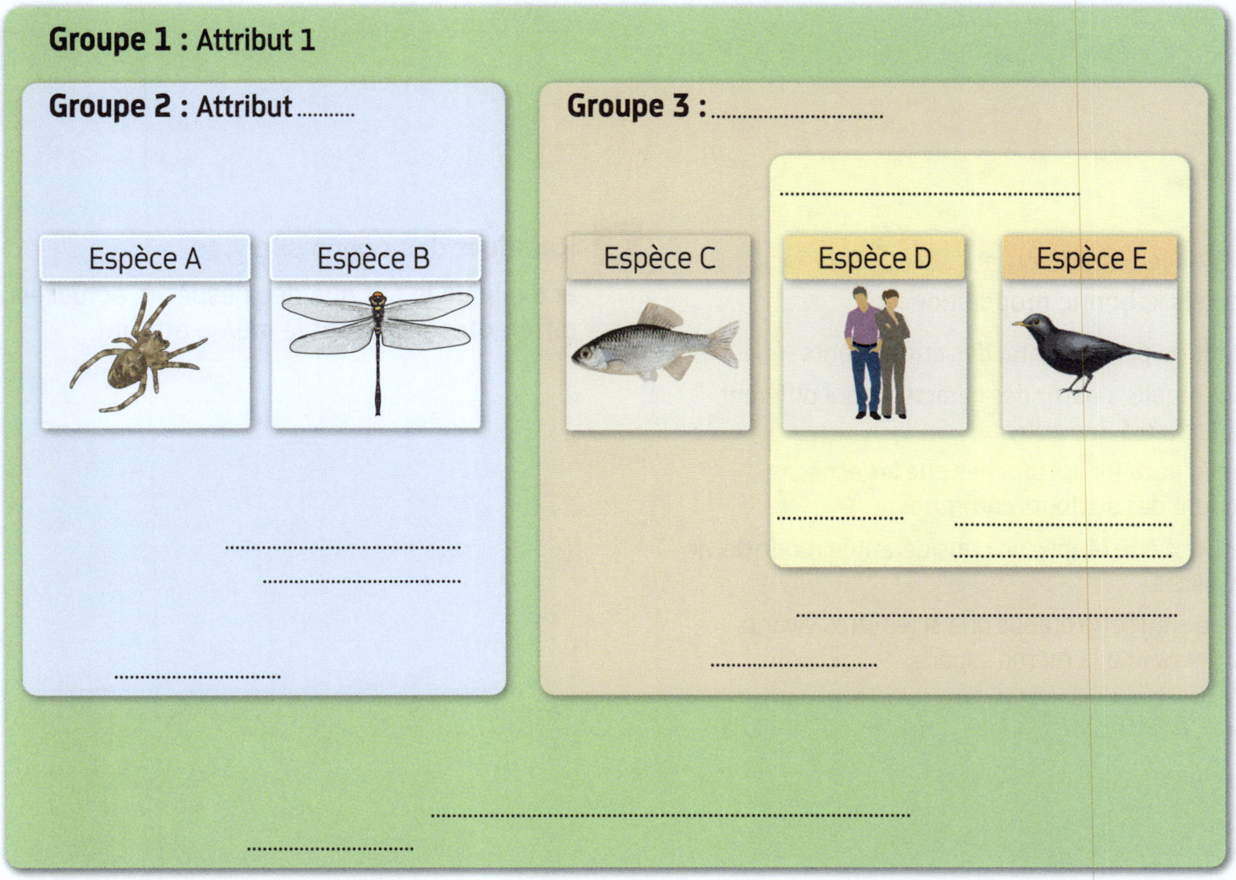

Ailleurs : .... ? ← Condition nécessaire à la vie : .... → Sur Terre : ....

Je teste mes connaissances

1 Remue-méninges

■ **Écris** une phrase avec les mots suivants :

a. groupe • attribut • classification

....

....

....

b. attribut• être vivant • classer

....

....

2 Vrai ou Faux ?

	Vrai	Faux
Les scientifiques peuvent classer les animaux selon leur mode de vie.		
La classification permet de savoir quelle espèce est plus proche de telle autre.		
Un groupe d'êtres vivants est caractérisé par un même attribut.		
Dans une classification, les groupes sont placés les uns à côté des autres.		

3 QCM

■ **Choisis** la bonne proposition.

Les liens de parenté entre des êtres vivants :

☐ sont établis à partir des caractères qui diffèrent d'une espèce à une autre.

☐ sont d'autant plus proches que les espèces possèdent des attributs communs.

☐ peuvent être établis en considérant le mode de vie des espèces.

☐ ne peuvent être établis que si les êtres vivants appartiennent à la même espèce.

4 Restituer des connaissances

■ **Explique** le fait que deux espèces actuelles différentes partagent le même attribut.

....

....

....

....

....

....

....

5 MOT CACHÉ

■ **Recopie** et **complète** la grille à l'aide des définitions, pour retrouver le mot caché.

a. Ensemble d'êtres vivants partageant un même attribut.
b. Ancêtre commun à tous les êtres vivants.
c. Caractéristique possédée par un être vivant, retenue par les scientifiques.
d. Molécule indispensable à la vie.
e. Représentation de groupes emboîtés d'êtres vivants.
f. Qualifie l'arbre représentant les liens de parenté entre des êtres vivants.
g. Être vivant dont sont issues plusieurs espèces.

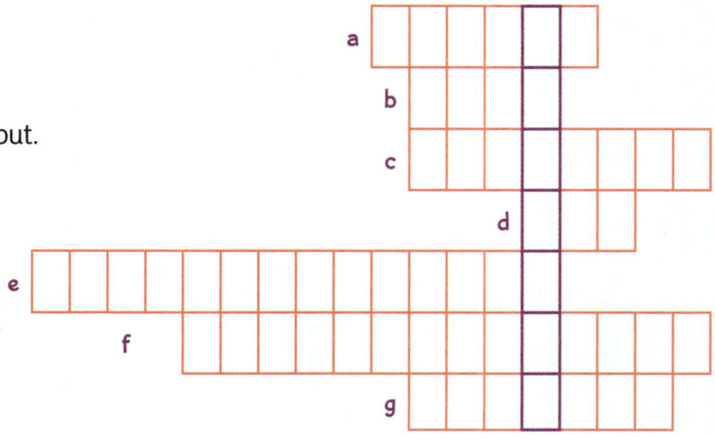

Compétence

Lire et exploiter des données présentées sous forme d'arbres phylogénétiques

1 • Je sais lire un arbre phylogénétique

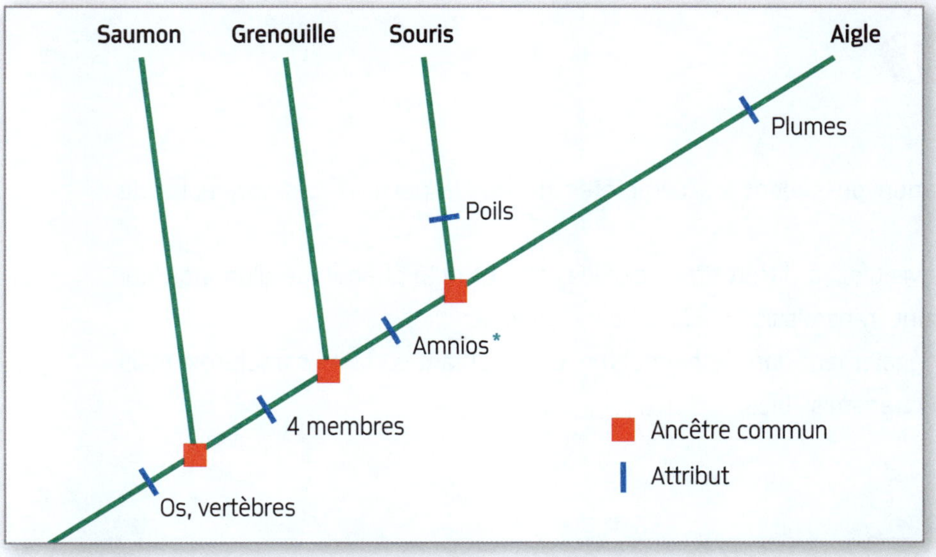

Arbre phylogénétique de quelques êtres vivants.

DICO SCIENCES

* **L'amnios** est la poche de liquide dans laquelle se développe l'embryon de certaines espèces.

a. Indique quels sont les attributs de la Grenouille :

....

....

b. Indique quels sont les attributs partagés par la Souris et l'Aigle :

....

....

c. Coche l'espèce la plus apparentée à l'Aigle :

☐ le Saumon ☐ la Grenouille ☐ la Souris

2 • Je sais exploiter un arbre phylogénétique

a. Trouve, dans l'arbre ci-dessus, un argument montrant que la Grenouille est plus apparentée à la Souris qu'au Saumon, et **rédige** ta réponse.

....

....

....

....

b. Le Chat possède des os, des vertèbres, quatre membres, un amnios et des poils.
Positionne le Chat sur l'arbre phylogénétique.

CHAPITRE 9

Diversité et stabilité génétique des êtres vivants

Diversité des phénotypes des individus

Je retiens *l'essentiel*

■ **Souligne** les mots importants.

> Les individus d'une population possèdent les caractères de leur espèce et des variations de certains caractères.

> L'ensemble des caractères visibles, à différentes échelles, constitue le phénotype d'un individu. Les caractères héréditaires sont transmissibles à la descendance.

> L'environnement intervient également dans le phénotype, en modifiant certains caractères, mais ces modifications ne sont pas transmissibles.

Je m'évalue avec *un document*

■ **Cite** quelques caractères mettant en évidence la diversité des phénotypes de l'espèce humaine.

■ La diversité des phénotypes dans l'espèce humaine.

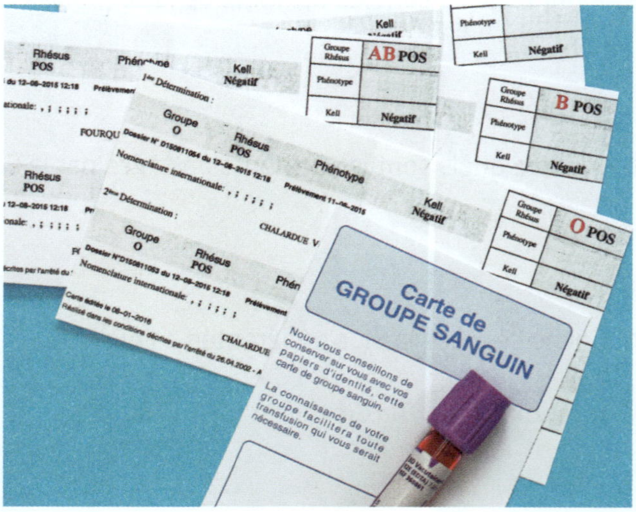

....

....

....

....

Je retiens *les mots-clés*

■ **Complète** la définition.

Phénotype : ....

....

....

Diversité génétique des individus

Je retiens *l'essentiel*

■ **Souligne** les mots importants.

> Dans le noyau d'une cellule, se trouvent de longues molécules d'ADN capables de s'enrouler sur elles-mêmes lors de la division cellulaire : les chromosomes deviennent alors visibles.

> L'ensemble des chromosomes d'une cellule définit son caryotype, il est spécifique pour chaque espèce. Dans un caryotype, les chromosomes peuvent être classés par paires. Les chromosomes portent l'information à l'origine des caractères héréditaires d'un individu.

> Un gène est une petite partie de chromosome qui porte une information. L'ensemble des gènes sont à l'origine des caractères héréditaires.

> Dans une cellule, un gène existe en deux exemplaires portant des informations identiques ou différentes. On appelle allèles ces différentes versions d'un gène. L'ensemble des allèles d'un individu constitue son génotype. Tous les individus d'une espèce ont les mêmes gènes, mais pas les mêmes allèles. Chaque individu ayant un génotype propre, cela explique la diversité génétique des individus d'une espèce.

Je m'évalue avec *un document*

■ **Entoure** sur le croquis : en bleu, un chromosome et en rouge, un allèle.

■ **Entoure** sur le caryotype humain la paire de chromosomes responsable du sexe, et précise s'il s'agit d'une femme ou d'un homme.

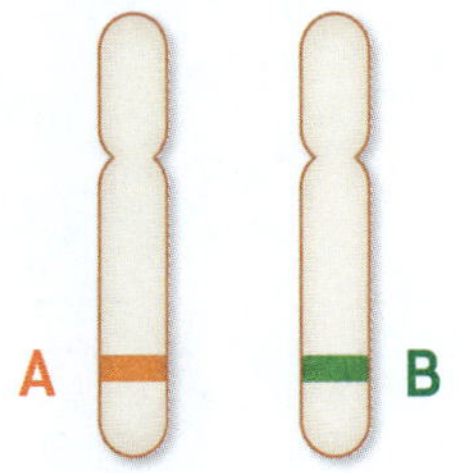

■ La paire de chromosomes n° 9 d'un être humain de groupe sanguin AB.

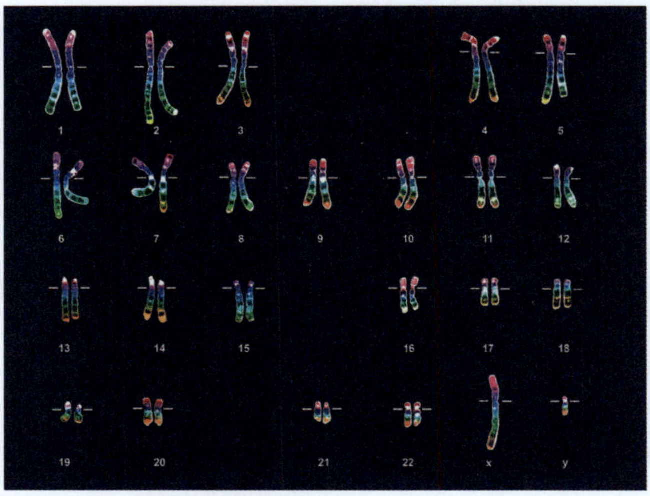

■ Un caryotype humain.

Je retiens *les mots-clés*

■ **Complète** les définitions.

Gène : ....

....

Allèle : ....

Génotype : ....

L'origine de la diversité et de la stabilité génétique

Je retiens *l'essentiel*

■ **Souligne** les mots importants.

> Dans le cycle de développement, l'alternance de la méiose et de la fécondation assure la stabilité du caryotype au cours des générations successives. La méiose correspond à la formation des gamètes ; elle diminue de moitié le nombre de chromosomes que la fécondation rétablit. La mitose, quant à elle, est une division qui concerne toutes les autres cellules de l'organisme : elle permet la stabilité génétique des cellules d'un individu.

> Lors de la méiose, les chromosomes d'une paire se séparent au hasard : leurs allèles subissent un brassage. Les gamètes produits présentent alors une grande diversité génetique.

> La fécondation, en réunissant au hasard les gamètes assure un brassage des allèles et forme une cellule-œuf unique. Chaque individu possède donc un génotype unique. De nouveaux phénotypes peuvent apparaître par des modifications aléatoires du génotype : ce sont les mutations.

Je m'évalue avec *un document*

■ **Schématise** l'ensemble des spermatozoïdes génétiquement différents que cette cellule peut théoriquement produire.

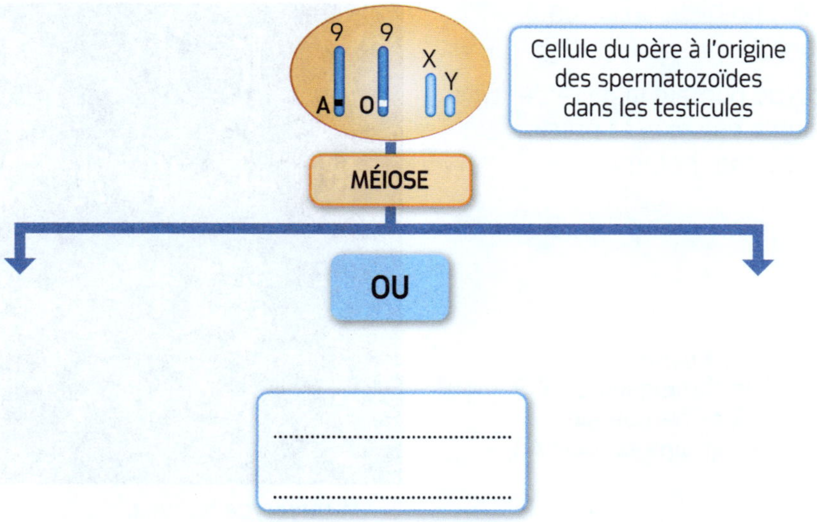

■ **Une cellule humaine à l'origine des spermatozoïdes.**
Seules deux paires de chromosomes ont été représentées.

Je retiens *les mots-clés*

■ **Complète** la définition.

Mutation : ....

....

Je construis un schéma-bilan

■ **Complète** la partie basse du schéma pour montrer ce qui permet la mise en place du phénotype de l'individu A.

■ **Complète** la partie basse du schéma pour montrer la structure des chromosomes et le génotype de l'individu B, afin de mettre en évidence la diversité génétique.

■ **Légende** le cycle avec le nom des cellules et des mécanismes permettant la stabilité du caryotype au cours des générations successives, et au sein de l'individu.

Diversité et stabilité génétique des individus

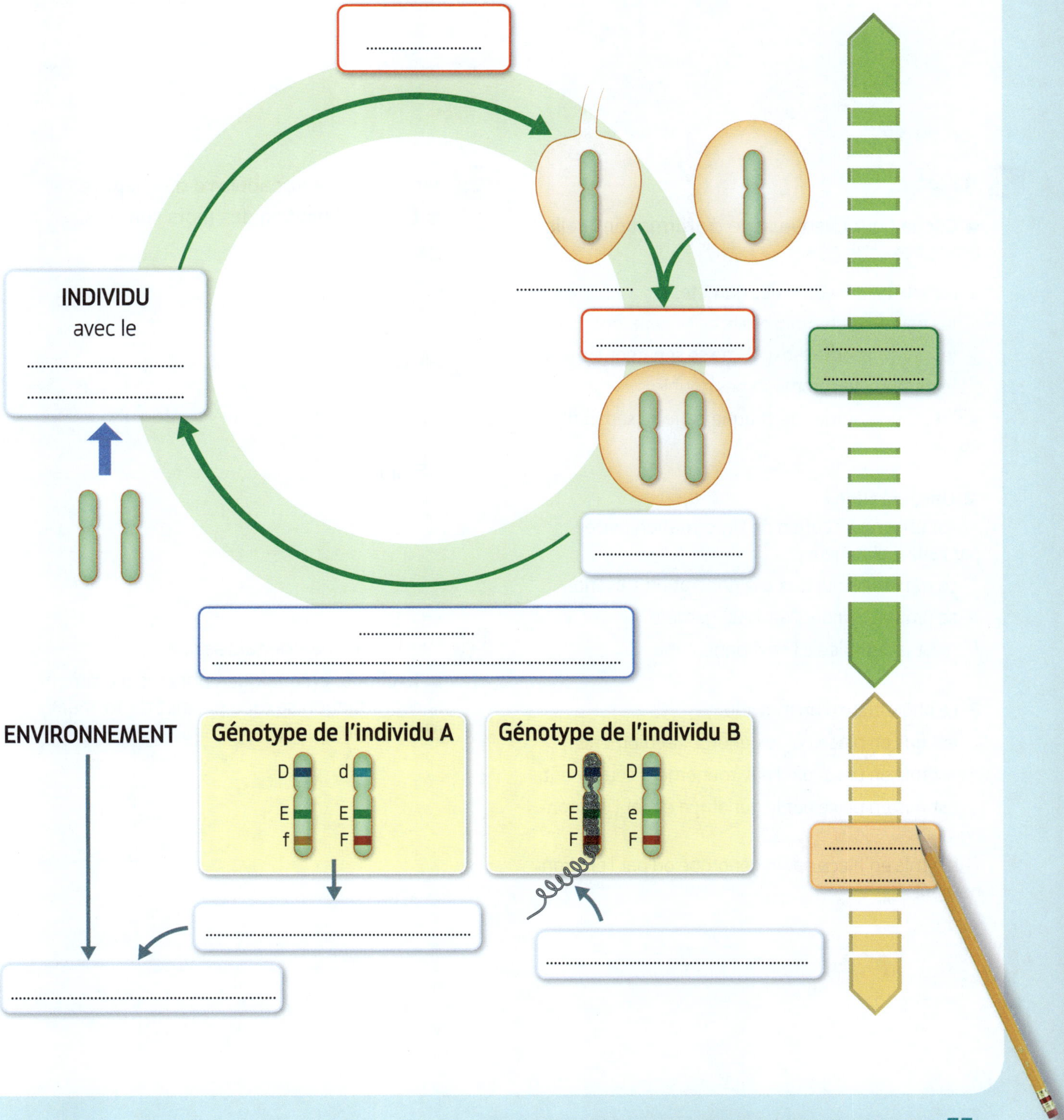

Je teste *mes connaissances*

1 Remue-méninges

■ **Écris** une phrase avec les mots suivants :

phénotype • caractère héréditaire • environnement

....

....

....

....

....

....

....

2 Vrai ou Faux ?

	Vrai	Faux
Les individus d'une population ont tous le même phénotype.		
L'environnement peut modifier certains caractères.		
Les caractères héréditaires sont transmissibles à la descendance.		
Tous les caractères d'un individu sont héréditaires.		

3 QCM

■ **Coche** pour chaque série d'affirmations celle qui est exacte.

1. Lors de la formation des gamètes :

☐ les paires de chromosomes ne se séparent pas.

☐ les chromosomes sexuels ne se séparent jamais.

☐ le nombre de chromosomes double.

☐ les chromosomes de chaque paire se séparent au hasard.

2. Une mutation :

☐ est une modification de l'information portée par l'allèle d'un gène.

☐ se transmet toujours à la génération suivante.

☐ se produit toujours dans un gamète.

☐ n'est jamais liée à l'environnement.

3. Le phénotype d'un individu :

☐ est mis en place par le génotype seulement.

☐ est mis en place par l'environnement seulement.

☐ est mis en place par le génotype et par l'environnement.

☐ est mis en place par le génotype ou par l'environnement.

4 Mémoriser le vocabulaire du chapitre

■ **Écris** la définition des mots suivants.

Gène : ....

....

....

Allèle : ....

....

....

Génotype : ....

....

....

5 Restituer une connaissance

■ **Explique,** en quelques phrases, comment la reproduction sexuée permet de former un individu unique.

....

....

....

....

....

....

....

....

Compétence | ***Proposer une ou des hypothèses pour résoudre un problème ou une question***

1 • *Je sais ce qu'est une hypothèse*

■ **Choisis** la (ou les) réponse(s) exacte(s) pour chaque proposition.

a. Une hypothèse correspond à :
- ☐ la réponse à un problème.
- ☐ une solution possible et provisoire à un problème.
- ☐ un problème.
- ☐ une proposition sans lien avec le problème.

b. Une hypothèse :
- ☐ est toujours validée.
- ☐ est toujours rejetée.
- ☐ doit être testée.
- ☐ peut être rejetée ou validée.

2 • *Je connais la place d'une hypothèse dans la démarche scientifique*

■ **Coche** l'affirmation exacte.

a. Une hypothèse :
- ☐ se trouve toujours avant un problème.
- ☐ prend place avant une expérience ou avant une recherche.
- ☐ doit être formulée après les résultats d'une expérience.
- ☐ peut être formulée juste avant les résultats d'une expérience.

b. Après une expérience :
- ☐ je valide toujours mon hypothèse.
- ☐ je compare mon hypothèse aux résultats obtenus pour la rejeter ou la valider.
- ☐ je pose un problème.
- ☐ je ne valide jamais mon hypothèse.

c. Pour tester une hypothèse :
- ☐ je vais devoir absolument formuler un problème.
- ☐ je dois absolument faire une expérience.
- ☐ je peux faire une recherche documentaire.
- ☐ je dois absolument faire une recherche documentaire.

3 • *Je sais reconnaître une hypothèse*

Sarah a les cheveux blonds, comme ses enfants. Sa mère a les cheveux noirs et son père les cheveux bruns. On cherche à expliquer l'origine de la couleur des cheveux de Sarah.

■ **Coche** les propositions qui représentent une hypothèse par rapport au problème recherché.

- ☐ La couleur des cheveux de Sarah est liée à un ou plusieurs allèles issus de ses grands-parents.
- ☐ La couleur des cheveux blonds de Sarah est due à un excès de citron lors de son dernier repas.
- ☐ La couleur des cheveux blonds de Sarah est due à la couleur des cheveux blonds de ses enfants.
- ☐ La couleur des cheveux blonds de Sarah est due à une décoloration par le soleil.

CHAPITRE 10

Biodiversité et évolution

La biodiversité sur Terre

Je retiens l'essentiel

■ **Souligne** les mots importants.

> La biodiversité représente la diversité du monde vivant. On peut la définir à différentes échelles : celle des écosystèmes, celle des espèces et celle de la diversité des individus d'une espèce.

> La biodiversité est également définie par les relations qui s'établissent entre les espèces d'un écosystème : il s'agit notamment de la prédation, de la compétition, de la symbiose, du parasitisme.

> Les fossiles présents dans certaines roches permettent de reconstituer la biodiversité du passé, différente de la biodiversité actuelle. Les grands groupes d'êtres vivants et les espèces constituant ces groupes ont changé au cours des temps géologiques.

Je m'évalue avec un document

■ **Indique** les différentes échelles de la biodiversité qui sont mises en évidence sur cette photographie.

■ L'écosystème de la savane.

....

....

....

Je retiens les mots-clés

■ **Complète** les définitions.

Biodiversité : ....

....

Fossile : ....

....

L'évolution de la vie sur Terre

Je retiens *l'essentiel*

■ **Souligne** les mots importants.

> La vie est apparue sur Terre autour de –3,8 milliards d'années dans les océans. Les premiers êtres vivants seraient des bactéries.

> Depuis l'apparition des premiers êtres vivants, la vie s'est diversifiée : de nombreuses espèces sont apparues. Ainsi, au cours des temps géologiques, de nouveaux groupes apparaissent, se diversifient et peuvent régresser et parfois disparaître. Au sein des groupes, les espèces changent au cours du temps. Cette succession des espèces et des groupes au cours des temps est l'évolution.

> Au cours d'une crise de la biodiversité, de nombreuses espèces disparaissent brutalement. Les crises permettent de découper les temps géologiques en plusieurs ères géologiques.

Je m'évalue avec *un document*

■ **Place** sur la courbe les mots suivants :
diversification • apparition • disparition • régression

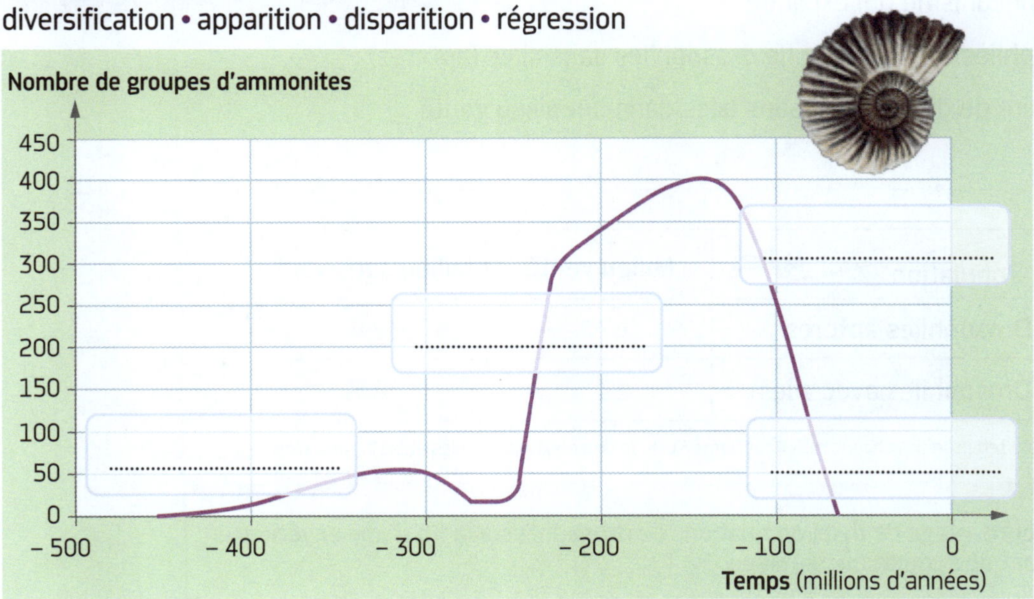

■ **Évolution du nombre de groupes d'ammonites au cours des temps géologiques.**

Je retiens *les mots-clés*

■ **Complète** les définitions.

Évolution : ....

....

Crise de la biodiversité : ....

....

Ère géologique : ....

La théorie de l'évolution

Je retiens *l'essentiel*

■ **Souligne** les mots importants.

> Les mutations de l'ADN sont responsables de la diversité génétique des individus d'une espèce. Les individus porteurs de caractères avantageux dans un milieu donné survivent mieux et ont davantage de descendants, si bien que leurs caractères se répandent dans la population : c'est la sélection naturelle. Cela explique l'évolution des espèces.

> Ainsi la diversité génétique est à la base de l'évolution des espèces, et donc de l'évolution de la biodiversité au cours du temps. La diversité génétique et la biodiversité sont donc des processus dynamiques.

> Le fondateur de la théorie de l'évolution est Darwin. Comme toute théorie scientifique, l'évolution repose sur un ensemble de faits, d'observations, reliés entre eux de façon logique.

Je m'évalue avec *un document*

■ **Indique** le nom du mécanisme qui explique :

– l'existence de drosophiles avec ailes et de drosophiles sans ailes (aptères) : ....

– la présence majoritaire de drosophiles sans ailes dans un milieu venté : ....

Population \ Milieu	Milieu venté	Milieu sans vent
Drosophiles aptères	67 %	32 %
Drosophiles avec ailes	33 %	68 %

Au temps initial, chaque milieu renferme 50 % de drosophiles avec ailes et 50 % sans ailes.

■ **Pourcentage de deux populations de drosophiles à la fin d'une expérience testant une condition du milieu.**

Je retiens *les mots-clés*

■ **Complète** les définitions.

Sélection naturelle : ....

....

Théorie scientifique : ....

....

Évolution : ....

Je construis *un schéma-bilan*

■ **Complète** les parties du schéma qui concernent la biodiversité.

■ **Complète** les parties du schéma qui concernent l'évolution de la biodiversité, depuis l'apparition des premières formes de vie.

■ **Légende** toutes les explications des mécanismes de l'évolution, ainsi que la base du schéma.

Biodiversité et évolution

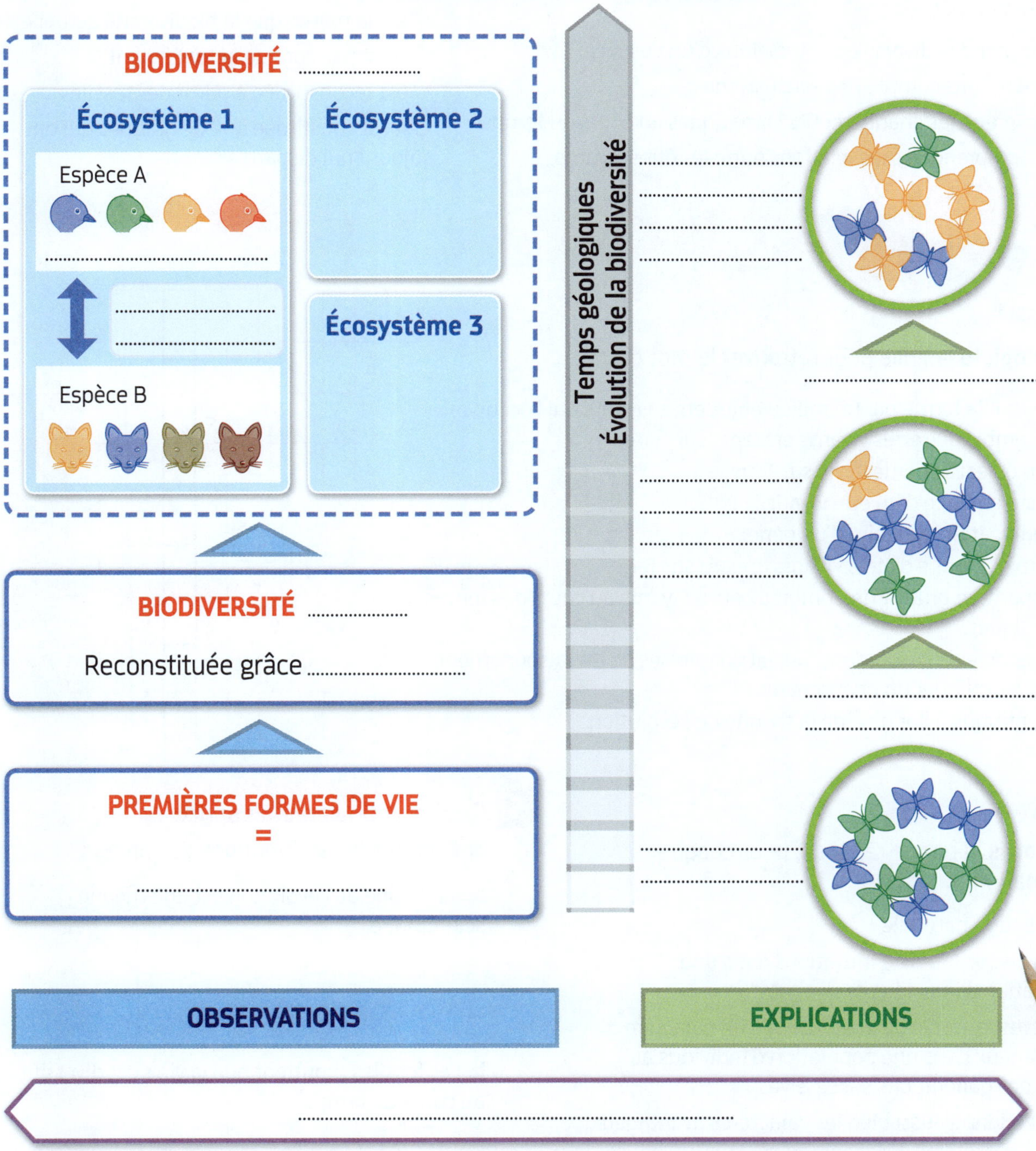

Je teste *mes connaissances*

1 Mémoriser le vocabulaire du chapitre

■ **Relie** chaque mot à sa définition.

Écosystème ●	● Diversité du monde vivant
Fossile ●	● Relation entre deux êtres vivants à bénéfice réciproque
Symbiose ●	● Milieu de vie avec les espèces y habitant, et les relations qui s'y établissent
Biodiversité ●	● Reste d'un être vivant, ou trace dans une roche

2 QCM

■ **Choisis** la bonne proposition.

a. La biodiversité :

☐ comprend la diversité des individus d'une espèce.
☐ ne tient pas compte des écosystèmes.
☐ comprend les changements climatiques au cours du temps.
☐ ne comprend pas les relations entre les êtres vivants.

b. La biodiversité passée :

☐ est la même que la biodiversité actuelle.
☐ n'est pas connue actuellement.
☐ est reconstituée à partir des fossiles.
☐ n'est constituée que de groupes qui ont aujourd'hui disparu.

3 MOT CACHÉ

■ **Complète** la grille pour retrouver le mot caché.

a. Ensemble formé par un milieu et les êtres vivants qui l'occupent.
b. Ensemble des êtres vivants présents sur Terre.
c. Lieu où est apparue la vie sur Terre.
d. Reste ou trace d'un être vivant.
e. Modification aléatoire d'un gène.
f. Premier groupe d'êtres vivants apparu sur Terre.
g. Disparition brutale de nombreux êtres vivants au cours des temps géologiques.
h. Ensemble d'observations, de faits organisés en un raisonnement visant à expliquer un phénomène.
i. Scientifique à l'origine de la théorie de l'évolution.

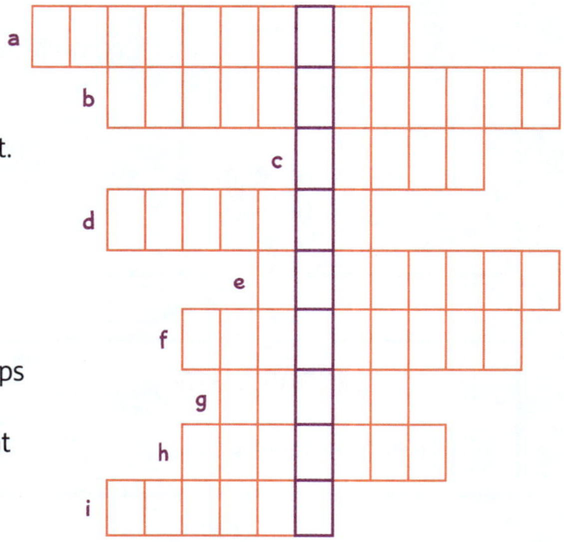

4 QCM

■ **Choisis** la bonne réponse, pour chaque affirmation.

La sélection naturelle :

☐ est responsable de mutations dans une population d'individus.
☐ est responsable de la diffusion d'un caractère avantageux dans une population d'individus au cours des générations successives.
☐ sélectionne aussi bien les caractères avantageux que les caractères désavantageux.
☐ n'est pas responsable de l'évolution des êtres vivants.

5 Restituer une connaissance

■ **Explique** les affirmations suivantes :

a. La théorie de l'évolution est une théorie scientifique.

....

....

b. Les fossiles montrent que la vie s'est diversifiée au cours du temps.

....

....

Compétence | **Distinguer ce qui relève d'une croyance ou d'une idée et ce qui constitue un savoir scientifique**

1 • *Je sais ce qu'est une théorie scientifique*

■ **Choisis** la (ou les) réponse(s) exacte(s) pour chaque proposition.

a. Une théorie scientifique correspond notamment à :

- ☐ une proposition dont on n'est pas très sûr.
- ☐ un ensemble de faits reliés logiquement entre eux.
- ☐ une croyance qui ne peut être remise en cause.
- ☐ un ensemble d'idées sans lien.

b. Une théorie scientifique :

- ☐ doit être validée par la communauté scientifique pour être reconnue.
- ☐ ne peut jamais être modifiée.
- ☐ se base sur un seul résultat expérimental.
- ☐ est imposée par un seul scientifique.

c. Une théorie scientifique se distingue d'une croyance car :

- ☐ elle peut évoluer selon les progrès scientifiques.
- ☐ elle est supposée vraie sans que rien ne soit prouvé.
- ☐ elle est régulièrement testée par des scientifiques.
- ☐ elle est considérée comme parfaite et immuable.

2 • *J'ai compris pourquoi l'évolution est une théorie scientifique*

Darwin avait observé des variations des caractères au sein d'une population, mais il ne savait pas expliquer l'origine de ces variations. Au XXe siècle, de nouvelles découvertes ont eu lieu, notamment en génétique avec la découverte de l'ADN, des gènes et des mutations. En laboratoire, en modifiant un seul gène de la drosophile, des scientifiques ont obtenu une mouche avec quatre ailes au lieu de deux. De telles modifications portant sur d'autres caractères ont été par la suite obtenues chez d'autres animaux. Ces expériences montrent que les mutations peuvent être à l'origine de caractères nouveaux.

■ **De nouvelles découvertes au XXe siècle.**

■ **Souligne** en rouge le résultat de l'expérience réalisée par les chercheurs.

■ **Souligne** en vert la conclusion de l'expérience.

■ **Vrai ou faux** ? Cette expérience montre que la théorie de l'évolution peut s'enrichir selon les nouvelles découvertes. ....

CHAPITRE 11

Fonctionnement de l'organisme lors d'un effort musculaire

La réalisation des mouvements et les réponses de l'organisme à l'effort

Je retiens *l'essentiel*

■ **Souligne** les mots importants.

> La commande du mouvement fait intervenir le système nerveux. Les centres nerveux (cerveau et moelle épinière) élaborent des messages nerveux moteurs qui se propagent le long des nerfs, vers les muscles. En se contractant et en se relâchant, les muscles permettent les mouvements.

> Lors d'un effort musculaire, le rythme cardiaque et le rythme respiratoire s'accélèrent. Toutefois, le rythme cardiaque et la consommation de dioxygène ne peuvent pas dépasser une limite, propre à chaque individu.

> À l'effort, les besoins énergétiques des muscles en glucose et en dioxygène augmentent. L'organisme répond à cette demande en augmentant son rythme cardiaque et son rythme respiratoire afin d'apporter aux muscles, plus fortement irrigués, les éléments dont ils ont besoin en quantité suffisante.

Je m'évalue avec *un document*

■ **Complète** la légende du document.

■ **Représente** par des flèches le trajet des messages nerveux permettant des mouvements du bras gauche.

....

....

....

....

....

....

....

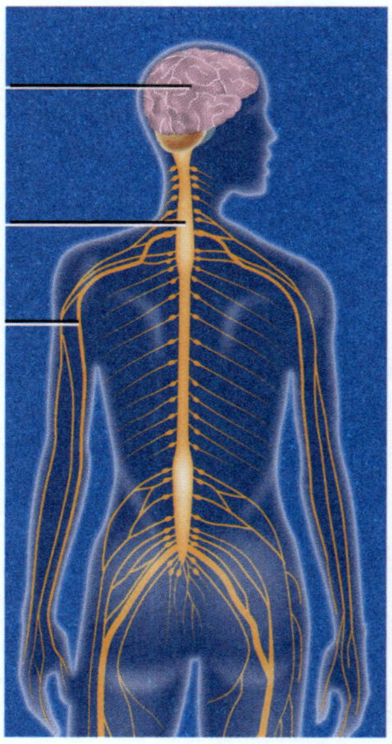

■ Le système nerveux humain.

Je retiens *les mots-clés*

■ **Complète** les définitions.

Centres nerveux : ....

Rythme cardiaque : ....

Rythme respiratoire : ....

La pratique adaptée d'une activité physique pour préserver la santé

Je retiens *l'essentiel*

■ **Souligne** les mots importants.

> La pratique d'une activité physique doit se faire de manière adaptée et après échauffement, afin d'éviter tout risque de blessure. Correctement pratiquée, l'activité physique régulière diminue le risque de survenue des maladies cardiovasculaires et augmente l'espérance de vie des personnes ayant développé certains cancers.

> L'entraînement sportif a des effets positifs sur l'organisme : augmentation des capacités respiratoire et cardiaque, augmentation de l'efficacité musculaire.

Je m'évalue avec *un document*

■ **Indique** sous la photo **a.** en quoi l'individu pratique correctement son activité physique.

■ **Indique** sous la photo **b.** deux effets de l'entraînement à l'origine d'une amélioration des performances.

■ **a. La pratique correcte d'un sport.**

....

....

....

■ **b. L'entraînement d'une sportive.**

....

....

....

Je retiens *les mots-clés*

■ **Complète** la définition.

Maladie cardiovasculaire : ....

....

Les effets du dopage

Je retiens *l'essentiel*

■ **Souligne** les mots importants.

> Le dopage, qui consiste à absorber certaines substances ou à utiliser des procédés médicaux afin d'augmenter les performances physiques chez un sportif, se révèle dangereux pour sa santé : par exemple, la prise d'érythropoïétine (EPO) augmente le risque d'accidents cardiovasculaires. Le dopage est également une pratique contraire à l'éthique sportive : c'est donc une pratique interdite.

Je m'évalue avec *un document*

■ **Indique** à côté de la photo le motif pour lequel certains sportifs se dopent.

■ **Indique** à côté de la photo une raison pour laquelle le dopage est interdit.

....

....

....

....

....

....

....

....

....

■ **Une cabine de contrôle anti-dopage lors du Tour de France.**

Je retiens *les mots-clés*

■ **Complète** la définition.

Dopage : ....

....

....

....

Je construis un schéma-bilan

■ **Légende** le schéma au niveau de l'organisme et des muscles, au repos et à l'effort, afin de montrer comment un mouvement est commandé. **Complète** les éléments prélevés par le muscle et les conséquences de l'effort.

■ **Cite** les effets de l'entraînement.

■ **Cite** les effets du dopage.

Fonctionnement de l'organisme lors d'un effort musculaire

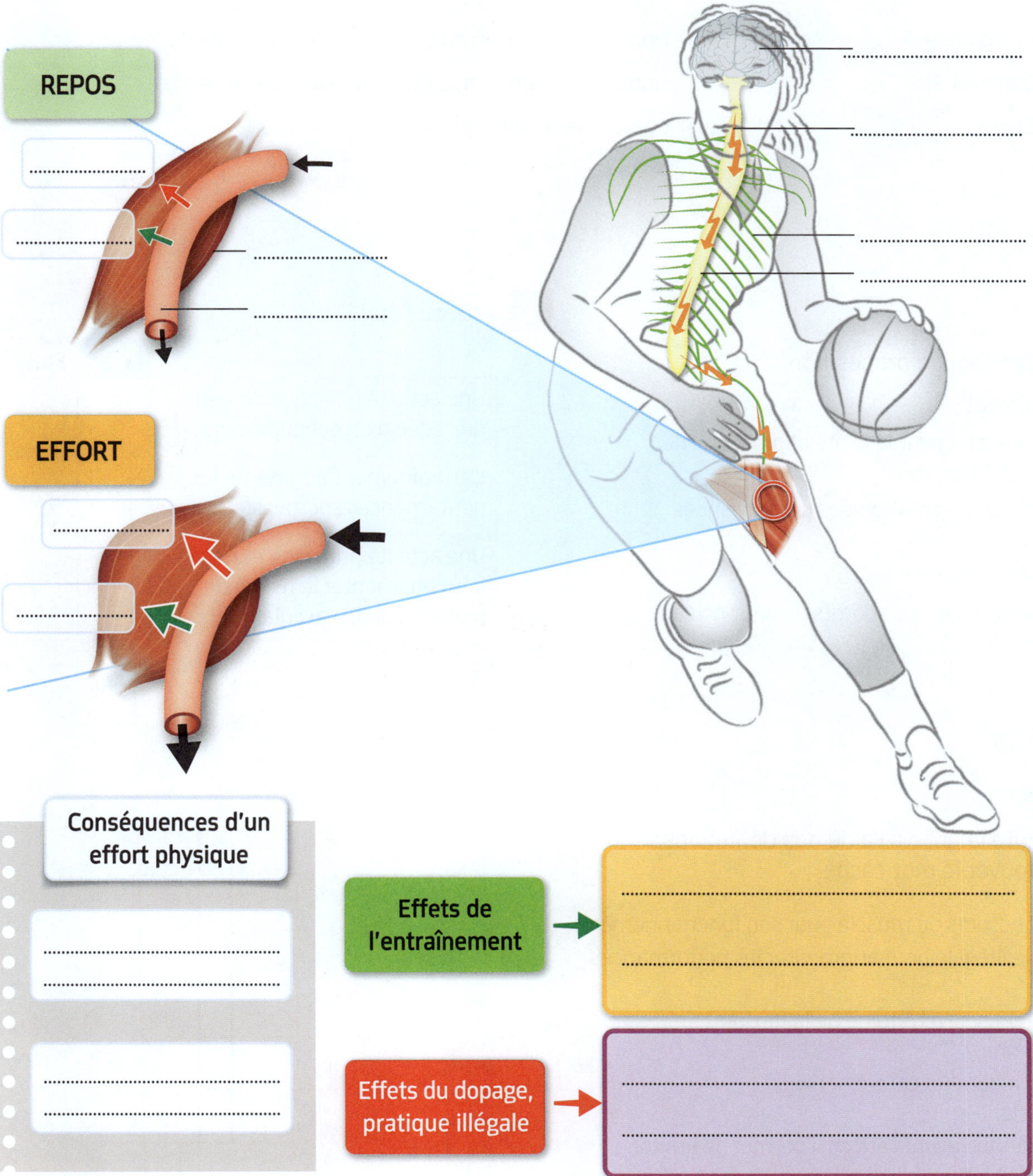

Conséquences d'un effort physique

....
....

....
....

Effets de l'entraînement → ....

Effets du dopage, pratique illégale → ....

Je teste mes connaissances

1 Remue-méninges

■ **Écris** une phrase avec chaque liste de mots.

a. nerf • muscle • centres nerveux

....

....

....

b. effort • muscle • besoins énergétiques

....

....

....

2 Maîtriser le vocabulaire du chapitre

■ **Relie** par un trait le mot à la définition qui lui correspond.

Rythme cardiaque •	• Nombre de mouvements respiratoires par unité de temps
Centres nerveux •	• Nombre de battements du cœur par unité de temps
Rythme respiratoire •	• Cerveau et moelle épinière

3 QCM

■ **Choisis** la bonne proposition.

L'entraînement :

- ☐ est dangereux pour la santé et provoque de nombreuses blessures.
- ☐ permet l'augmentation des performances sportives.
- ☐ ne présente pas d'intérêt.
- ☐ ne concerne que les sportifs de haut niveau.

4 Vrai ou Faux ?

	Vrai	Faux
Une activité physique doit être précédée d'un échauffement.		
L'entraînement augmente les performances sportives.		
Une activité physique régulière peut augmenter le risque de maladie cardiovasculaire.		

5 MOT CACHÉ

■ **Complète** la grille à l'aide des définitions, pour retrouver le mot caché.

a. Un des besoins du muscle pour son fonctionnement.
b. Pratique illégale pour augmenter les performances sportives.
c. État du muscle à l'origine de la flexion d'un membre.
d. Cordon reliant un centre nerveux à un muscle.
e. Bien pratiqué avant l'effort, il permet de limiter le risque de blessures.
f. Organe se contractant pour permettre le mouvement.

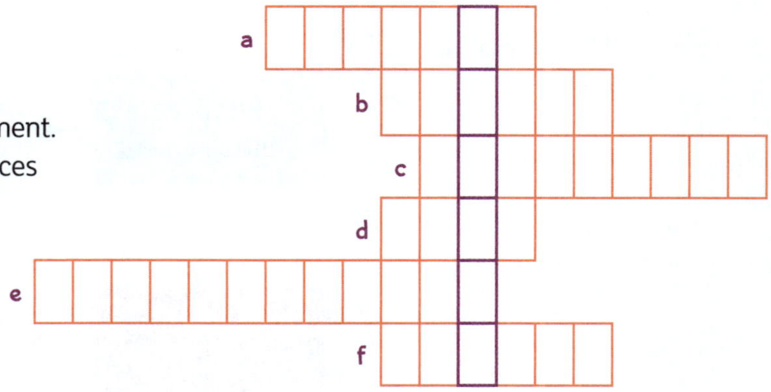

Compétence

Lire et exploiter des données présentées sous différentes formes

1 • *Je sais lire un graphique*

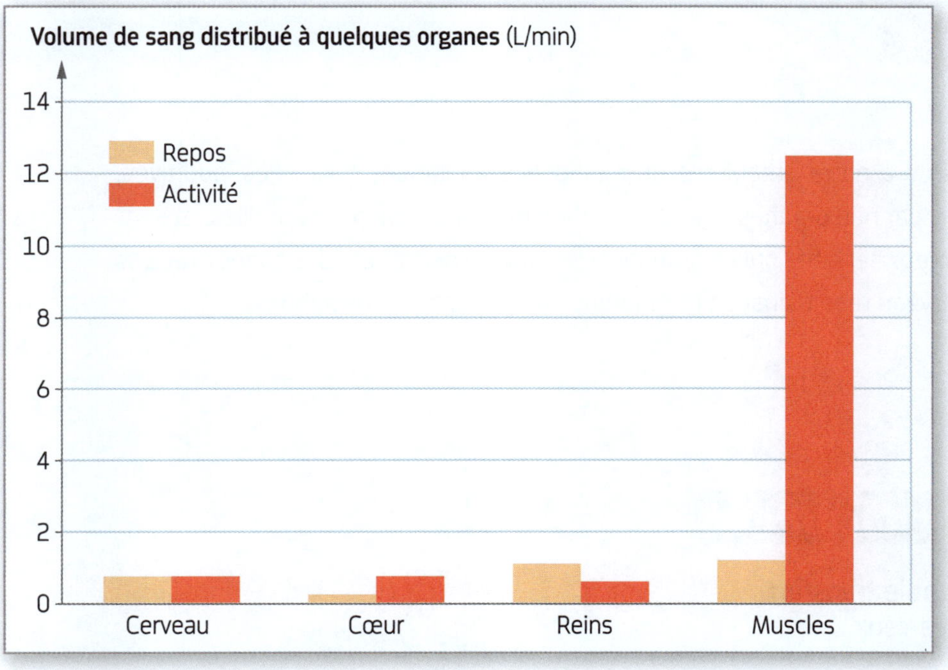

■ **Volume de sang irriguant chaque minute quelques organes au repos et lors d'un effort physique.**

a. Indique dans quel(s) organe(s) le volume sanguin distribué en une minute est constant au repos et lors d'un effort physique.

....

b. Indique dans quel(s) organe(s) ce volume sanguin augmente durant un effort physique.

....

c. Indique quel est le volume sanguin traversant le cœur durant un effort physique en une minute.

....

2 • *Je sais exploiter les données d'un graphique*

a. Compare les résultats obtenus pour les muscles avec ceux des autres organes et propose une explication.

....

....

....

....

b. Propose une explication aux résultats obtenus pour les reins.

....

....

CHAPITRE 12

Système nerveux et comportement responsable

La réception des informations de l'environnement

Je retiens *l'essentiel*

■ **Souligne** les mots importants.

> Notre environnement envoie à notre organisme de multiples stimulations : visuelles, auditives, etc. Elles sont réceptionnées par nos organes des sens, par exemple les yeux ou les oreilles, et sont converties en messages nerveux sensitifs qui se propagent, le long de nerfs, vers des zones précises du cortex cérébral. Notre cerveau reçoit ainsi en permanence de multiples informations.

Je m'évalue avec *un document*

■ **Colorie** les structures assurant le transfert des messages nerveux issus des yeux et **nomme**-les sur le dessin.

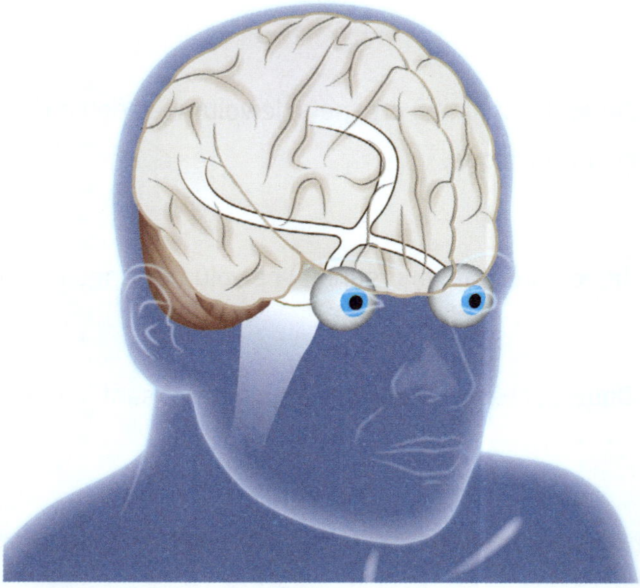

■ Des yeux au cerveau.

Je retiens *les mots-clés*

■ **Complète** les définitions.

Cortex cérébral : ....

....

Organe des sens : ....

....

....

L'intégration des informations par le cerveau

Je retiens *l'essentiel*

■ **Souligne** les mots importants.

> Les messages nerveux sensitifs issus des yeux arrivent dans une aire cérébrale corticale précise. Les différentes informations visuelles transmises sont traitées en simultané et en parallèle par différentes zones du cortex. Le cerveau réalise une intégration de ces informations afin de fournir une perception visuelle.

> Cette intégration nécessite une communication entre différentes zones cérébrales, dont les cellules nerveuses, ou neurones, sont le support : grâce à leurs prolongements, les neurones forment un vaste réseau.

> Le message nerveux, arrivé à l'extrémité d'un neurone, atteint une synapse. À son niveau, le message nerveux entraîne la libération d'une substance chimique qui se déverse dans la fente synaptique puis se fixe sur l'autre neurone. Ce dernier génère alors un message nerveux.

Je m'évalue avec *un document*

■ **Nomme** la cellule représentée et légende cette photographie avec les mots suivants : noyau, prolongement cytoplasmique.

....

....

....

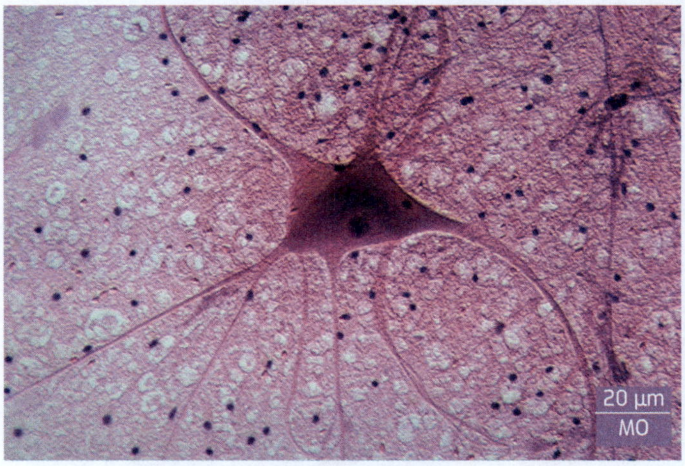

■ **Une cellule, dans un centre nerveux.**

Je retiens *les mots-clés*

■ **Complète** les définitions.

Intégration : ....

....

Neurone : ....

Synapse : ....

....

Les conditions d'un bon fonctionnement du système nerveux

Je retiens *l'essentiel*

■ **Souligne** les mots importants.

> Nos comportements ont des conséquences sur le système nerveux. Ainsi, un manque de sommeil entraîne des troubles de l'humeur, en modifiant le fonctionnement cérébral. Certaines situations, comme une exposition prolongée au bruit, peuvent altérer les oreilles. Ces dernières transmettent alors moins de messages nerveux au cerveau, pouvant provoquer une surdité.

> La consommation de certaines substances peut également perturber le fonctionnement cérébral ; c'est le cas des drogues, comme le cannabis ou la cocaïne, à l'origine de modifications de la perception. Enfin, la consommation d'alcool peut modifier notre comportement, et augmenter le temps de réaction, ce qui risque de provoquer des accidents.

Je m'évalue avec *un document*

■ **Donne** des conseils à cette personne, afin de préserver son audition.

■ **Une pratique pouvant dégrader l'audition.**

....

....

....

Je retiens *les mots-clés*

■ **Complète** la définition.

Temps de réaction : ....

....

....

Je construis *un schéma-bilan*

- ■ **Complète** les cases et les légendes pour montrer comment les organes des sens réceptionnent les stimulations de l'environnement et comment ils envoient les informations au cerveau.
- ■ **Complète** le schéma pour montrer le mécanisme de la perception des informations.
- ■ **Cite** des perturbations de l'activité cérébrale et des organes des sens, en lien avec le mode de vie.

Système nerveux et comportement responsable

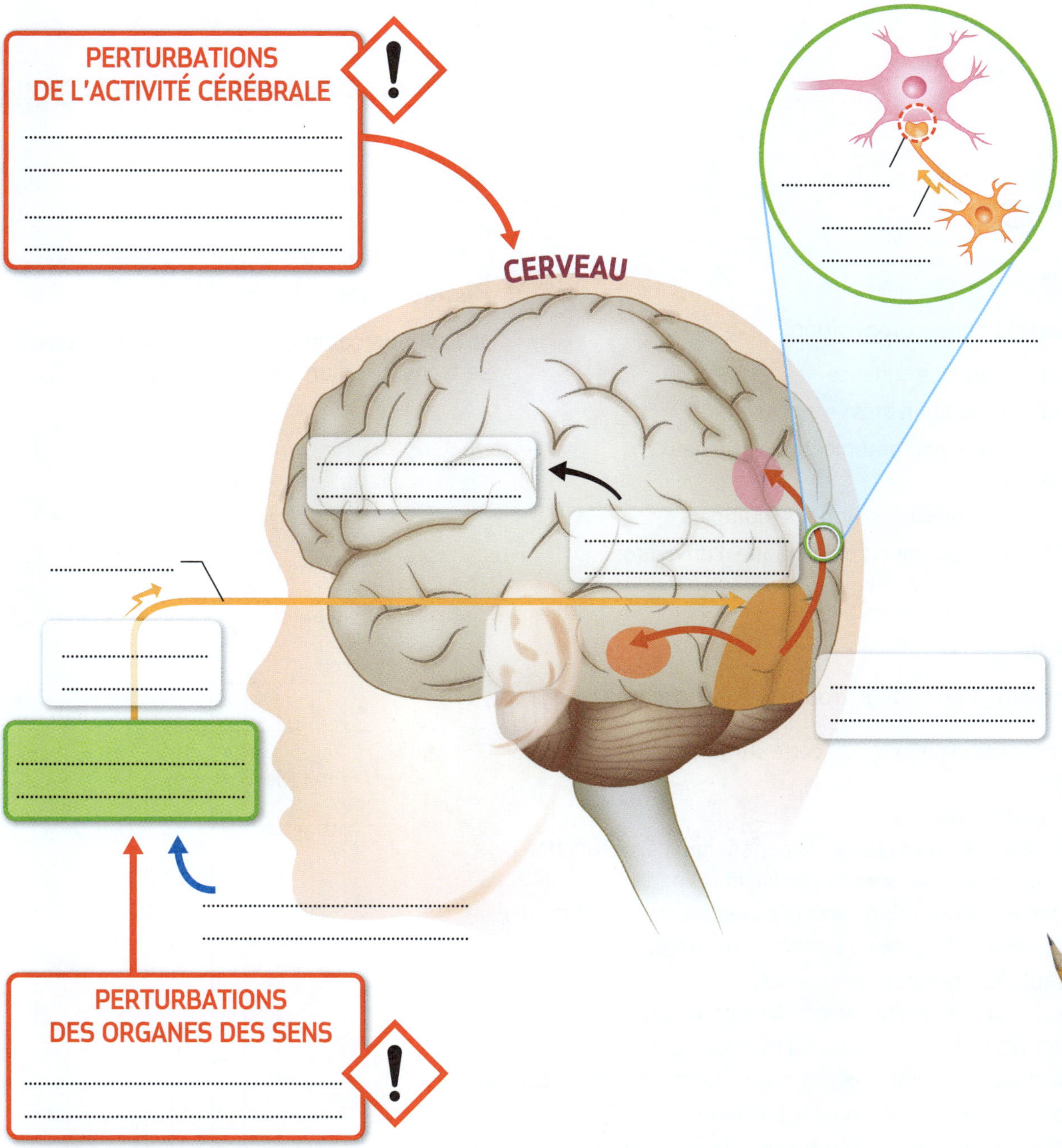

Je teste *mes connaissances*

1 Remue-méninges

■ **Écris** une phrase avec les mots suivants.

a. message nerveux • stimulation • organe des sens • environnement

b. nerf • message nerveux • cerveau • organe des sens

2 Chasser l'intrus

■ **Entoure** les noms qui représentent un organe des sens.

œil muscle nerf

cerveau langue oreille

peau moelle épinière

message nerveux

3 QCM

■ **Choisis** la bonne proposition.

Dans le cerveau, une synapse :

- ☐ est une stimulation arrivée au cerveau.
- ☐ est une zone de communication entre deux neurones.
- ☐ est l'intégration d'informations multiples.
- ☐ est le prolongement cytoplasmique d'un neurone.

4 MOT CACHÉ

■ **Complète** la grille pour trouver le mot caché.

a. Une exposition prolongée à cette stimulation peut léser les oreilles.
b. Cellule nerveuse.
c. Ensemble d'organes qui participent à une même fonction, tels que le cerveau, la moelle épinière et les nerfs.
d. Il reçoit les informations envoyées par les organes des sens.
e. Le cannabis et la cocaïne en sont deux exemples.
f. Elle capte les stimulations sonores.
g. Zone de communication entre deux neurones.
h. Espace entre deux neurones au niveau d'une synapse.
i. S'il n'est pas suffisant, il est à l'origine de troubles de l'humeur.
j. Sa consommation augmente le temps de réaction.
k. Qualifie les messages se propageant le long des nerfs.

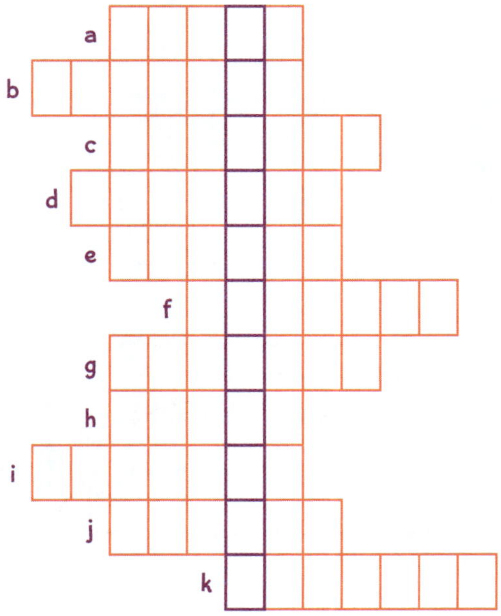

5 Restituer une connaissance

■ **Explique** comment le message nerveux se transmet d'un neurone à l'autre.

Compétence | *Représenter des données sous différentes formes*

1 • *Je sais choisir une représentation adaptée à des informations*

Les yeux, qui permettent la vue, sont sensibles à la lumière, alors que les oreilles captent les sons et permettent l'audition. Le nez est responsable de l'odorat en captant les odeurs.

■ **Coche** la bonne réponse.

a. Le moyen le plus pertinent de comparer les informations de ce texte est de réaliser :

☐ une courbe.
☐ un tableau.
☐ un graphique à barres (histogrammes).
☐ un schéma.

b. Le moyen le plus pertinent de montrer les étapes du fonctionnement d'une synapse est de réaliser :

☐ une courbe.
☐ un tableau.
☐ un graphique à barres (histogrammes).
☐ un schéma.

2 • *Je sais représenter des données sous forme de graphiques*

Consommation annuelle d'alcool par Français de plus de 15 ans

Année	Quantité d'alcool (en L)
1960	26
1970	23,2
1980	20,1
1990	15,4
2000	14
2010	12

■ **Construis** la courbe et l'histogramme à partir des données du tableau.

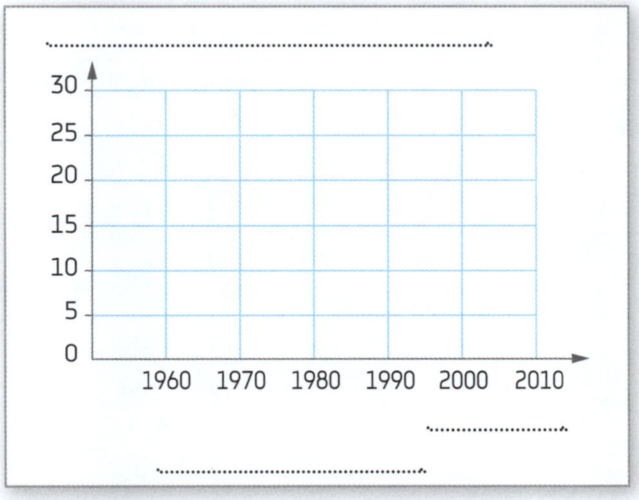

■ **Courbe.**

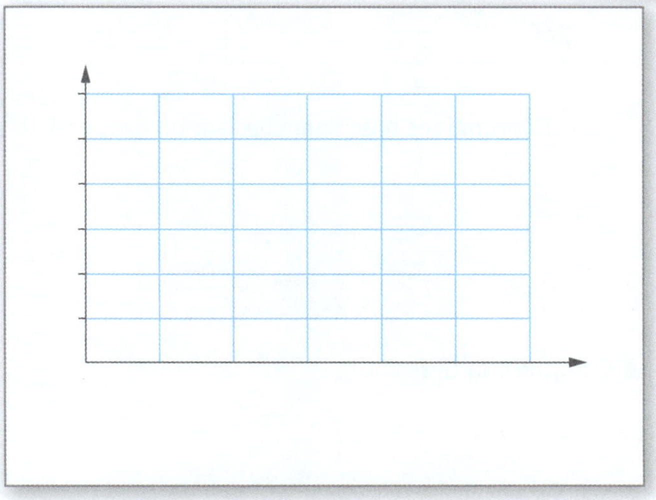

■ **Histogramme.**

13 CHAPITRE

Alimentation et digestion

Les besoins nutritionnels et la nature des aliments

Je retiens *l'essentiel*

■ **Souligne** les mots importants.

> Les aliments sont constitués de matière minérale (eau et sels minéraux) et de glucides, lipides et protides. Ils apportent à l'organisme une certaine quantité d'énergie. Ils satisfont les besoins énergétiques qui varient selon les individus, leur âge, leurs activités, etc.

> Notre organisme a des besoins quantitatifs mais aussi qualitatifs. En effet, l'alimentation doit fournir suffisamment d'énergie (aspect quantitatif) à notre organisme, mais elle doit aussi lui apporter tous les éléments indispensables (aspect qualitatif) : une alimentation qualitativement pauvre est à l'origine de troubles de la santé. Des régimes alimentaires différents permettent de satisfaire les besoins nutritionnels, en respectant les quantités recommandées des aliments des différents groupes.

Je m'évalue avec *un document*

■ **Entoure** la valeur énergétique pour 100 g d'aliment.

INFORMATIONS NUTRITIONNELLES			
	100 g	**1 biscuit**	**% des AJR par biscuit**
Énergie	440 kcal soit 1 840 kJ	36 kcal soit 154 kJ	2 %
Matières grasses	12 g	1 g	1 %
Glucides	73 g	6,1 g	2 %
Fibres alimentaires	3 g	0,3 g	-
Protides	8 g	0,7 g	1 %
Sel	1,4 g	0,13 g	2 %

AJR : apports journaliers recommandés

■ **Informations nutritionnelles sur un paquet de biscuits.**

Je retiens *les mots-clés*

■ **Complète** la définition.

Besoins nutritionnels : ....

....

Le trajet des aliments dans le tube digestif

Je retiens *l'essentiel*

■ **Souligne** les mots importants.

> Les aliments consommés progressent dans le tube digestif, constitué de différents organes. Ils sont peu à peu transformés par le processus de la digestion. Les aliments non transformés forment les excréments.

> Des glandes annexes sont associées au tube digestif : l'ensemble constitue le système digestif.

Je m'évalue avec *un document*

■ **Place** les légendes correspondant aux organes du tube digestif humain.

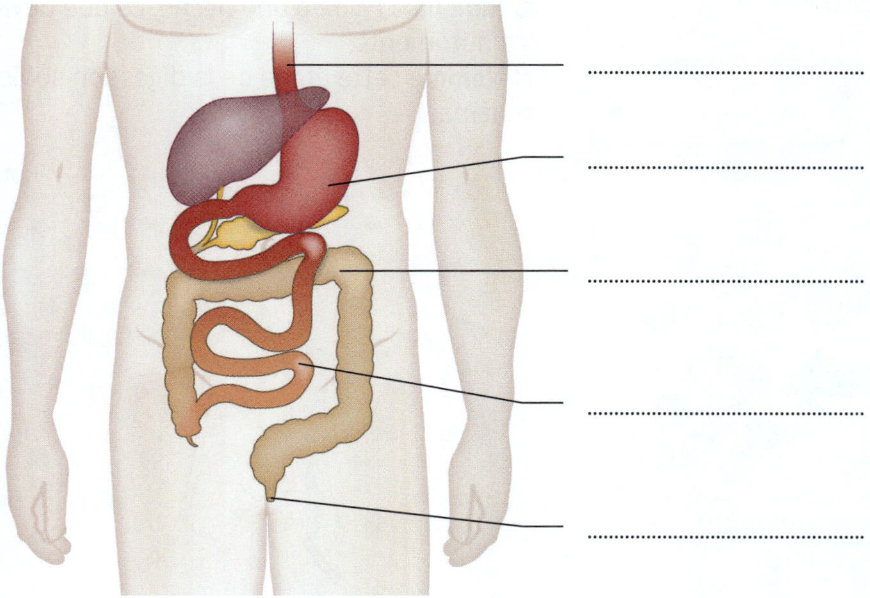

■ **Une partie du système digestif humain.**

Je retiens *les mots-clés*

■ **Complète** la définition.

Système digestif : ....

....

Tube digestif : ....

....

Glande annexe : ....

La transformation des aliments au cours de la digestion

Je retiens *l'essentiel*

■ **Souligne** les mots importants.

> La digestion, qui débute dans la bouche et se termine dans l'intestin grêle, est un processus à la fois chimique et mécanique. L'action chimique des enzymes digestives est renforcée par l'action mécanique des dents et des contractions de la paroi du tube digestif.

> Les enzymes contribuent à transformer les molécules alimentaires de grosse taille en petites molécules solubles, les nutriments.

> Les nutriments issus de la digestion passent dans le sang ou la lymphe au niveau de la paroi de l'intestin grêle, richement vascularisée : c'est l'absorption intestinale.

Je m'évalue avec *un document*

■ **Complète** le schéma ci-dessous.

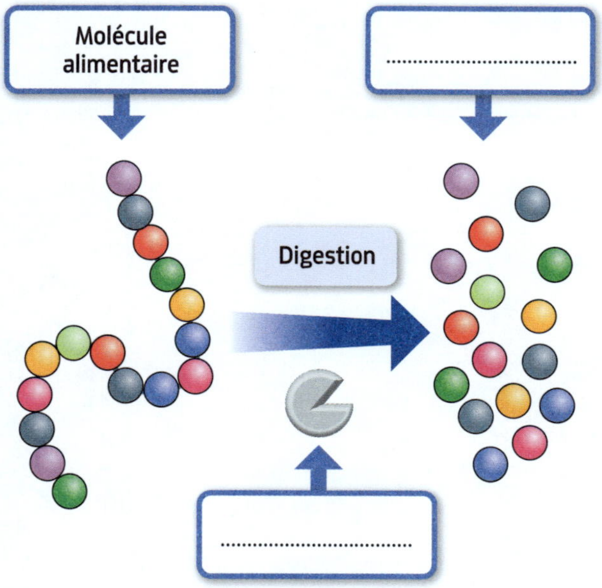

■ La digestion, une transformation en petites molécules solubles.

■ **Indique** à l'aide d'une flèche, ce que deviennent les nutriments.
■ **Nomme** cette étape de la digestion sur le schéma.

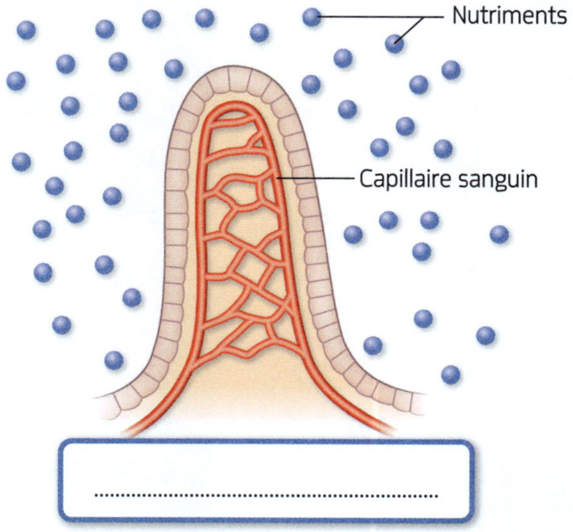

■ Schéma d'une villosité intestinale.

Je retiens *les mots-clés*

■ **Complète** les définitions.

Absorption intestinale : ....

....

Enzyme digestive : ....

....

Je construis *un schéma-bilan*

■ **Ajoute** la légende *Aliments* chaque fois que tu penses qu'ils sont représentés sur ce schéma. **Précise** ce qu'ils apportent à l'organisme.

■ **Complète** la partie haute du schéma avec tes connaissances sur les régimes alimentaires.

■ **Légende** les organes du système digestif. Complète la partie droite du schéma avec tes connaissances sur la digestion.
Pense aux mots-clés !

Alimentation et digestion

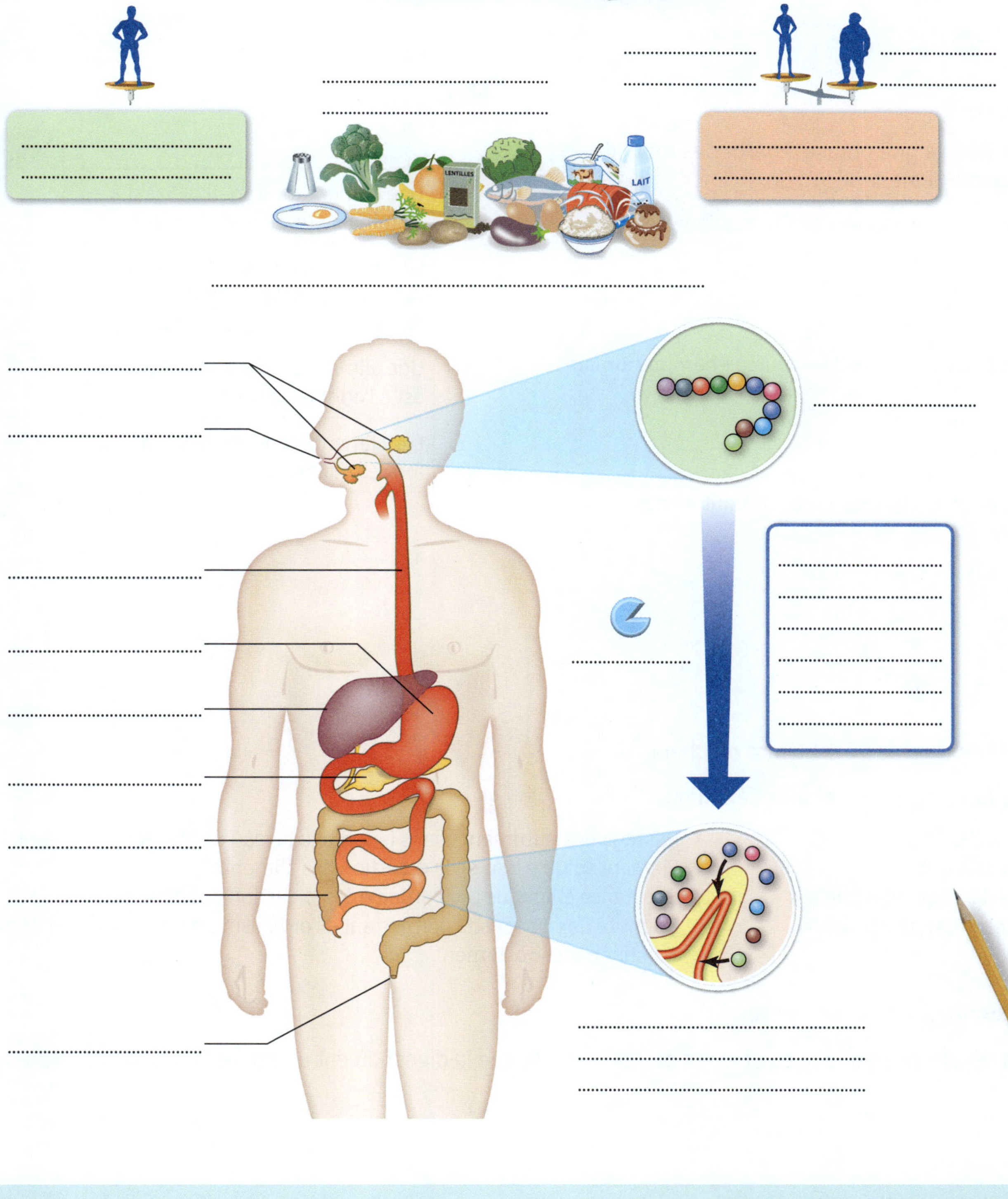

Je teste mes connaissances

1 Remue-méninges

■ **Écris** une phrase avec les mots suivants.

variable • activité • besoin en énergie • individu

....

....

....

....

....

2 Chasser l'intrus

■ **Entoure** le nom des éléments apportés par les aliments à notre organisme.

lipide pomme de terre

eau fruit glucide

protide œsophage

3 Rédiger

■ **Rédige** une phrase à partir des mots de chaque ligne.

a. chimique • digestion • mécanique

....

....

b. énergie • aliments • source • besoins humains

....

....

c. bouche • organe • tube digestif • anus

....

....

4 Vrai ou Faux ?

	Vrai	Faux
Une alimentation équilibrée est à l'origine de troubles de la santé.		
Le système digestif est l'ensemble des organes traversés par les aliments ou les excréments.		
Une alimentation pauvre en énergie est à l'origine de l'obésité.		
Les aliments sont peu à peu transformés par le processus de digestion.		

5 Mémoriser le vocabulaire du chapitre

■ **Relie** chaque mot à sa définition.

Enzyme •	• Passage des nutriments dans le sang au niveau de la paroi de l'intestin grêle
Nutriment •	• Élément soluble issu de la digestion des aliments
Absorption intestinale •	• Substance chimique qui participe à la digestion des aliments
Besoins nutritionnels •	• Quantité de nutriments permettant à l'organisme de se développer et de fonctionner correctement

6 Restituer une connaissance

■ **Explique** en quelques phrases pourquoi on dit que la digestion est une transformation chimique.

....

....

Compétence | *Concevoir et mettre en œuvre un protocole expérimental*

1 • *Je sais reconnaître le matériel*

■ **Complète** le tableau ci-dessous avec la lettre correspondant au matériel sur la photographie.

Matériel	Lettre sur la photographie
Tube à essai	
Bain-marie	
Portoir pour tubes	
Bécher	
Spatule	

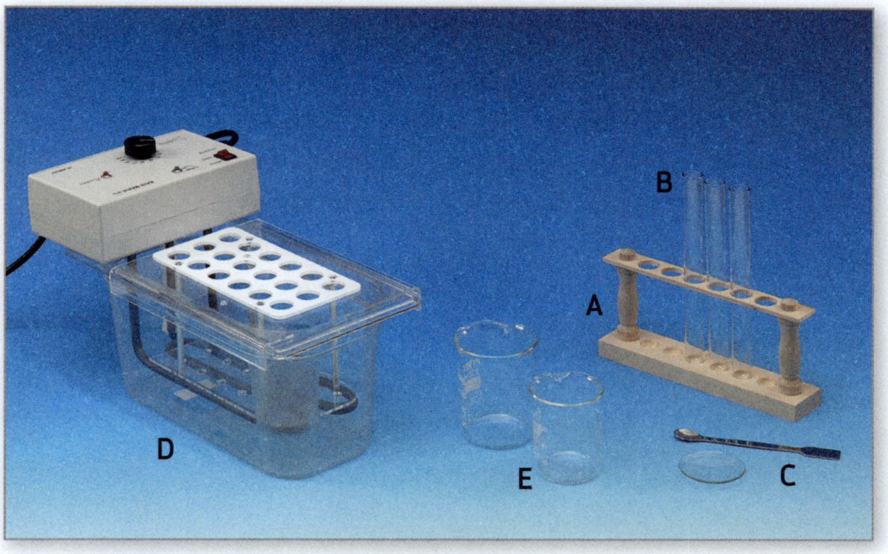

■ **Matériel fréquemment utilisé en SVT.**

2 • *Je sais réaliser correctement le montage en suivant le protocole*

a. Réalise, dans le cadre, un croquis légendé du montage proposé dans le protocole ci-dessous.

Protocole
- Prendre deux tubes à essai.
- Remplir les deux tubes :
  – dans le tube A, quelques flocons de pomme de terre + solution d'enzyme ;
  – dans le tube B, quelques flocons de pomme de terre + eau.
- Mélanger et placer les deux tubes au bain-marie à 37 °C pendant 20 min.

b. Rédige en quelques mots les consignes à respecter pour le bon déroulement d'un travail avec utilisation de produits chimiques.

....

....

....

....

....

....

CHAPITRE 14

Le monde microbien et la santé

L'ubiquité des micro-organismes

Je retiens *l'essentiel*

■ **Souligne** les mots importants.

> Les micro-organismes, ou microbes, sont des êtres vivants microscopiques : il s'agit principalement des bactéries et des virus. Le monde microbien est omniprésent dans l'environnement, y compris sur le corps humain et à l'intérieur. La plupart des micro-organismes hébergés par l'être humain ne sont pas dangereux et contribuent à le maintenir en bonne santé.

> Certains micro-organismes peuvent entraîner des maladies : ils sont pathogènes. La contamination s'effectue par la peau ou par les muqueuses. Une fois dans le corps, les micro-organismes trouvent des conditions favorables à leur développement et s'y multiplient, soit de façon autonome pour les bactéries, soit en parasitant une cellule pour les virus : c'est le début de l'infection.

Je m'évalue avec *un document*

■ **Indique** sous chaque photographie s'il s'agit d'une bactérie ou d'un virus.

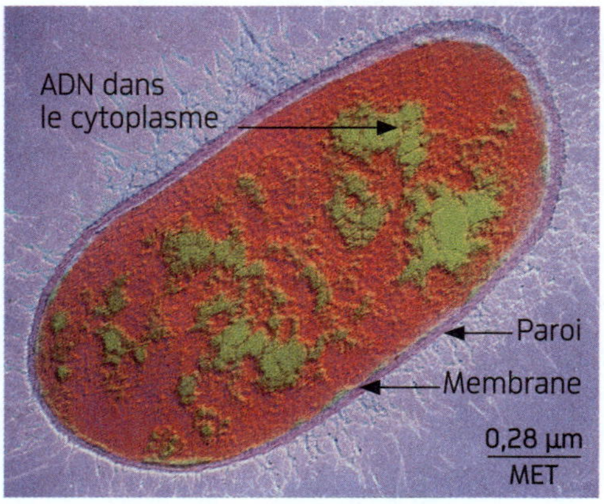

....

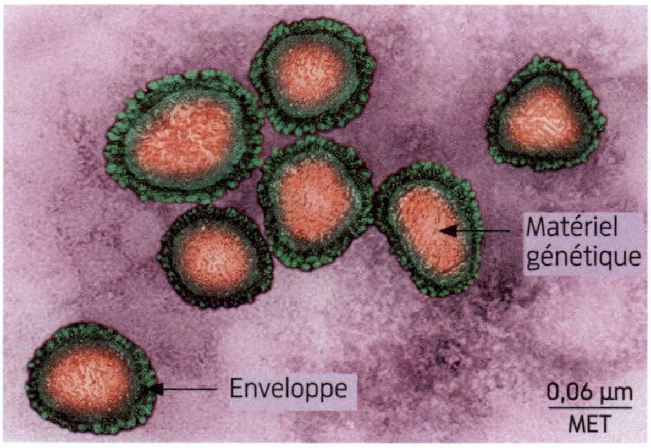

....

■ Des micro-organismes.

Je retiens *les mots-clés*

■ **Complète** les définitions.

Bactérie : ....

Virus : ....

Contamination : ....

Infection : ....

....

Les réactions immunitaires

Je retiens *l'essentiel*

■ **Souligne** les mots importants.

> Dès la contamination, une réponse immunitaire rapide se met en place. Dans la zone infectée, des globules blancs, les phagocytes, sortent des vaisseaux sanguins et vont phagocyter les micro-organismes. Si l'infection n'est pas stoppée, une réponse immunitaire plus lente se met place. Elle se manifeste souvent par une fièvre et par un gonflement des ganglions.

> Les lymphocytes B luttent contre les infections bactériennes. Ils sont capables de reconnaître les antigènes bactériens, puis sont à l'origine de la production des anticorps spécifiques circulant dans le sang. Les anticorps se fixent aux pathogènes, l'ensemble activant la phagocytose. Les lymphocytes T luttent contre les cellules infectées par un virus. Ils reconnaissent les fragments viraux portés par les cellules infectées puis les détruisent par contact direct.

> Après le contact avec un antigène, des lymphocytes mémoires se forment. Ils agissent plus vite et en plus grand nombre lors d'un autre contact avec le même antigène.

Je m'évalue avec *un document*

■ **Dessine,** en utilisant les figures fournies, les trois étapes de la phagocytose : absorption du pathogène - digestion - expulsion des déchets.

→ →

....

....

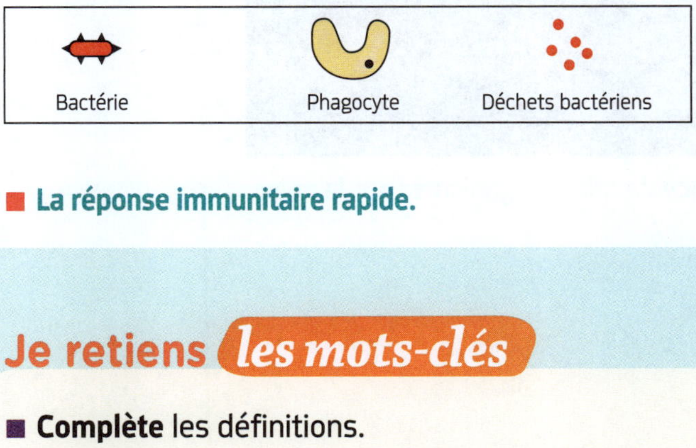

■ La réponse immunitaire rapide.

■ **Entoure** le (ou les) anticorps spécifique(s) de la bactérie.

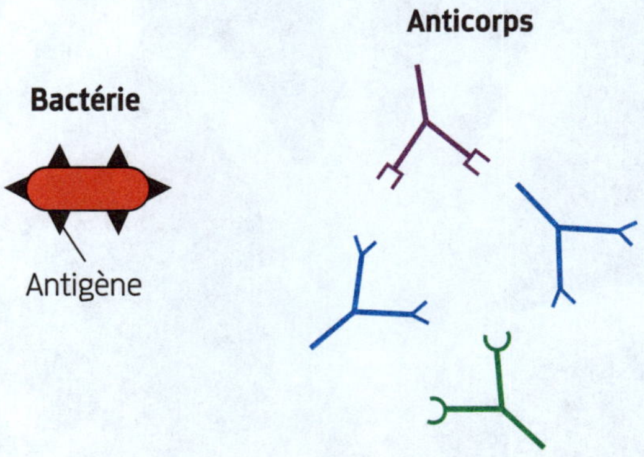

■ Des acteurs de la réaction immunitaire lente.

Je retiens *les mots-clés*

■ **Complète** les définitions.

Phagocytose : ....

Antigène : ....

Anticorps : ....

L'intérêt de la prévention contre la contamination et l'infection

Je retiens *l'essentiel*

■ **Souligne** les mots importants.

> Au niveau individuel, chacun peut veiller à :
- diminuer les risques de contamination en appliquant des mesures d'hygiène ;
- prévenir les infections par la vaccination ;
- soigner les infections bactériennes par des antibiotiques.

> À l'échelle de la population, la mise en place de politiques de santé publique permet de lutter contre la propagation des pathogènes.

Je m'évalue avec *un document*

■ **Indique** une mesure d'hygiène permettant de limiter la contamination par les micro-organismes.

....

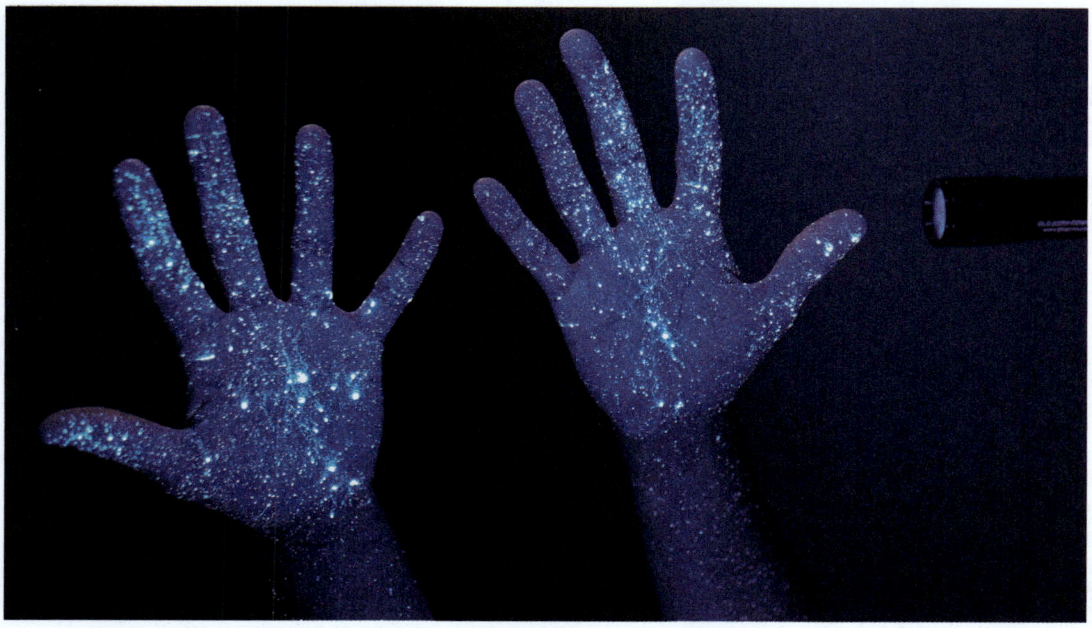

■ Une manipulation permettant de simuler la présence de micro-organismes sur la peau.

Je retiens *les mots-clés*

■ **Complète** les définitions.

Antibiotique : ....

Vaccination : ....

....

Je construis un schéma-bilan

■ **Complète** le schéma (légendes, étapes, etc.) au niveau du milieu extérieur et montre ce que deviennent les micro-organismes à l'intérieur de l'organisme. Pense aux mots-clés.

■ **Complète** le schéma pour montrer les réactions immunitaires.

■ **Complète** les moyens de lutte individuels et collectifs.

Le monde microbien et la santé

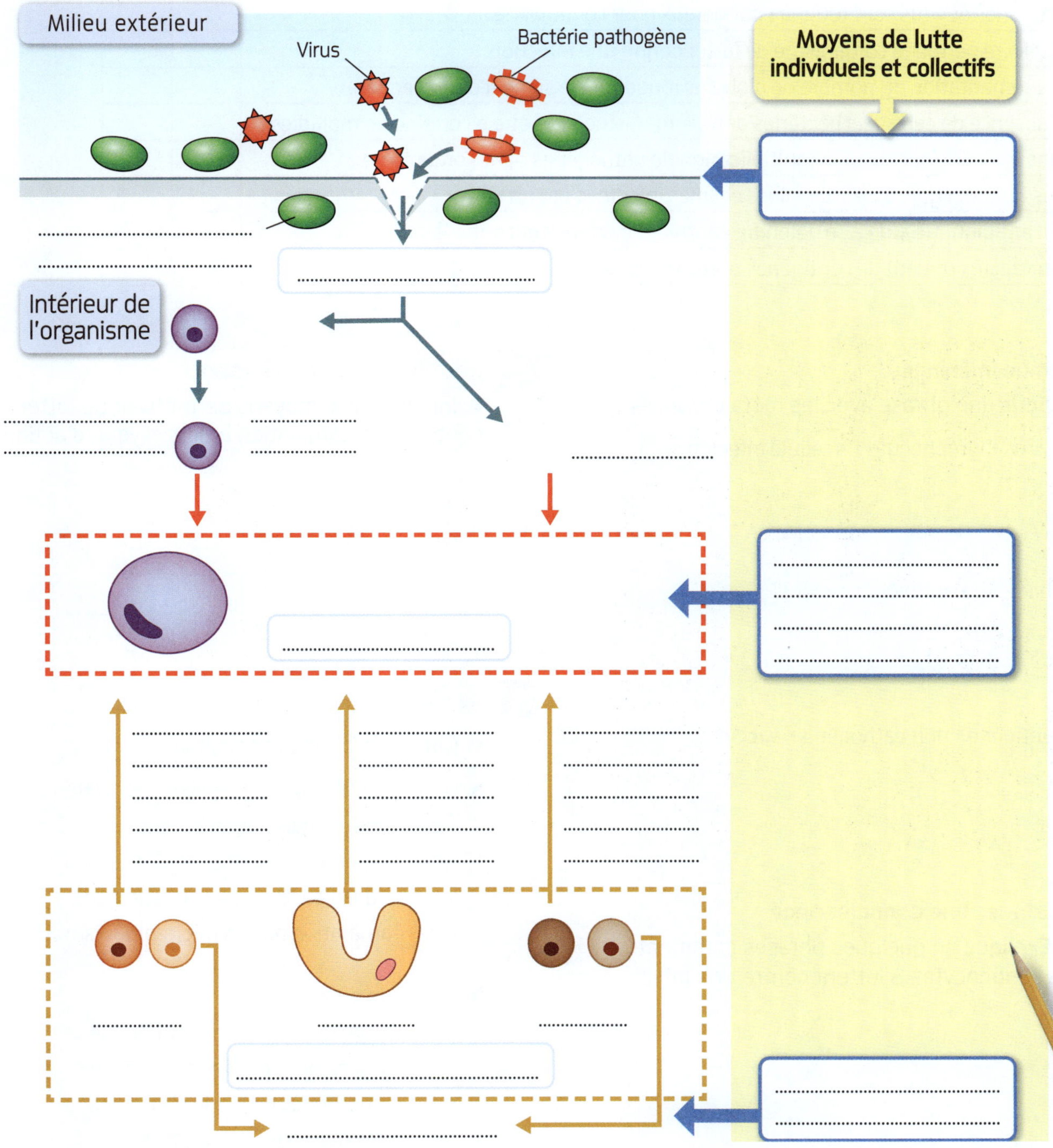

Je teste mes connaissances

1 Mémoriser le vocabulaire du chapitre

■ **Relie** par un trait le mot à la définition qui lui correspond.

Contamination •	• Qualifie un micro-organisme pouvant causer une maladie
Phagocyte •	• Voie d'entrée possible d'un micro-organisme dans le corps
Muqueuse •	• Entrée d'un micro-organisme pathogène dans le corps
Pathogène •	• Globule blanc impliqué au début d'une infection

2 Vrai ou Faux ?

	Vrai	Faux
Bactéries et virus sont toujours dangereux pour l'organisme.		
La fièvre permet à l'organisme de lutter contre une infection.		
L'augmentation du nombre de globules rouges est le signe d'une infection.		
L'absence de certaines bactéries dans l'organisme peut être à l'origine de maladies.		
Une infection est due à la multiplication de pathogènes dans l'organisme.		
Les lymphocytes B détruisent les cellules infectées par un virus.		
Un antibiotique aide à se défendre contre les bactéries et contre les virus.		
Un vaccin contient des antigènes non pathogènes.		

3 Remue-méninges

■ **Écris** une phrase avec les mots proposés :

a. virus • lymphocyte T • cellule infectée

....

....

b. bactérie • antibiotique • virus

....

....

c. antigène • non pathogène • vaccin

....

....

4 Restituer une connaissance

■ **Explique** en quelques phrases comment les lymphocytes B luttent contre une infection.

....

....

....

....

....

5 Restituer une connaissance

■ **Indique** deux moyens permettant de lutter contre la contamination et leur niveau d'action.

....

....

....

....

6 QCM

■ **Choisis** la bonne proposition.

a. Les antibiotiques peuvent avoir une action sur :

- ☐ les infections virales uniquement.
- ☐ les infections bactériennes et virales.
- ☐ les infections bactériennes uniquement.
- ☐ la contamination par les micro-organismes.

b. Un vaccin est composé :

- ☐ d'un antigène sans pouvoir pathogène.
- ☐ d'un antigène avec pouvoir pathogène.
- ☐ d'anticorps dirigés contre le pathogène.
- ☐ de cellules mémoires dirigées contre le pathogène.

Compétence

Traduire en langage mathématique une situation réelle, et mettre au point et exécuter un algorithme simple

1 • J'ai compris ce qu'est un algorithme

a. Coche la (ou les) bonne(s) réponse(s).

Un algorithme :

- ☐ est une suite finie d'instructions, données dans un ordre quelconque.
- ☐ est une suite finie d'instructions, données dans un ordre précis.
- ☐ permet d'obtenir un résultat suite à l'exécution d'un programme.
- ☐ est un langage de programmation.

b. Relie par un trait chaque instruction à la catégorie correspondante.

Si [...] alors [...] •	• Structure répétitive.
Affecter à [...] la valeur [...] •	• Structure conditionnelle.
Répéter *n* fois •	• Variable.

2 • Je sais exprimer une variable en fonction d'une autre

On suppose qu'un virus pénètre dans une cellule et se multiplie en 10 virus en un jour. Ces 10 virus sortent de la cellule et la détruisent, contaminant alors 10 autres cellules.

Pour déterminer N, qui correspond au nombre de cellules détruites en x jours, la formule à appliquer est :

☐ $N = 10^x$ ☐ $N = 2^{10}$ ☐ $N = 2x$ ☐ $N = 10x$

3 • Je sais écrire une liste d'instructions

■ **Écris** en langage naturel l'algorithme permettant d'indiquer le nombre de cellules détruites au bout de x jours par un virus qui produit 10 nouveaux virus chaque jour.

....

....

....

....

....

....

....

....

....

....

15 CHAPITRE

Reproduction et comportement sexuel responsable

L'acquisition de la fonction de reproduction à la puberté

Je retiens *l'essentiel*

■ **Souligne** les mots importants.

> Au cours de la puberté, le corps se transforme et l'appareil reproducteur devient fonctionnel. L'individu commence à produire des gamètes, ou cellules reproductrices (spermatozoïde ou ovule). Les caractères sexuels secondaires, permettant de distinguer les sexes, se développent.

> Chez l'homme, les testicules produisent en continu les spermatozoïdes. Chez la femme, tous les 28 jours environ, un ovaire libère un ovule lors de l'ovulation. La muqueuse utérine présente une épaisseur qui varie selon un cycle d'environ 28 jours. Le début du cycle est marqué par les règles. Autour du 14e jour, survient l'ovulation.

> Un rapport sexuel autour de la période de l'ovulation peut donner lieu à l'union d'un spermatozoïde et d'un ovule lors de la fécondation. La cellule œuf qui en résulte se multiplie et devient un embryon, puis un fœtus qui se développe dans l'utérus. Au terme de la grossesse, qui dure neuf mois, l'accouchement permet la naissance du nouvel individu.

Je m'évalue avec *un document*

■ **Indique** par un hachuré rouge le lieu de formation des spermatozoïdes.

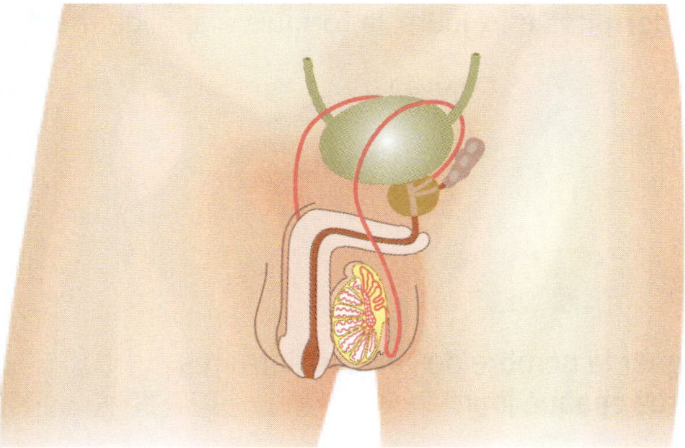

■ L'appareil reproducteur masculin.

■ **Légende** le document avec les termes suivants : cavité utérine, muqueuse utérine.
■ **Hachure** la zone de l'utérus à l'origine des règles.

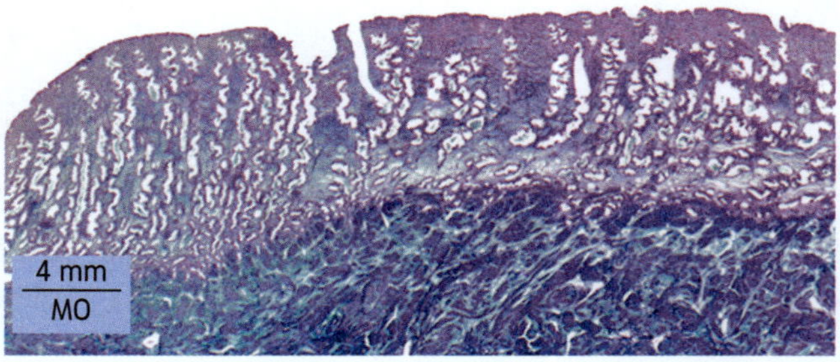

■ Une partie de l'appareil reproducteur féminin : la muqueuse utérine.

Je retiens *les mots-clés*

■ **Complète** les définitions.

Caractères sexuels secondaires : ....

....

Fécondation : ....

Le contrôle hormonal de la fonction de reproduction

Je retiens *l'essentiel*

■ **Souligne** les mots importants.

> L'appareil reproducteur est contrôlé par des hormones : ce sont des substances produites par un organe, agissant à distance sur un autre organe cible en passant par le sang.

> Chez l'homme, une zone du cerveau contrôle les testicules grâce à des hormones cérébrales. En réponse, les testicules produisent une hormone sexuelle, la testostérone, qui stimule l'apparition et le maintien des caractères sexuels secondaires. Chez la femme, des hormones cérébrales agissent sur les ovaires. Ces derniers produisent alors des hormones ovariennes, les œstrogènes et la progestérone, qui contrôlent l'utérus. Les règles sont dues à la diminution de la teneur sanguine en hormones ovariennes.

Je m'évalue avec *un document*

■ **Repère** les règles par un rectangle que tu hachureras en rouge et la période de l'ovulation en vert.

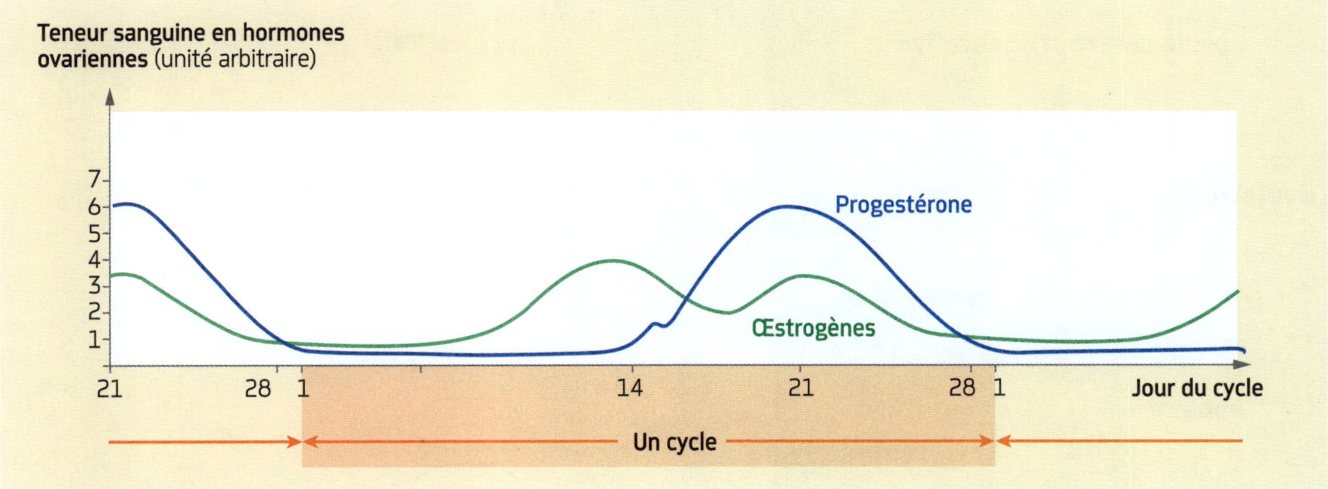

■ **Cycles hormonaux féminins.**

Je retiens *les mots-clés*

■ **Complète** la définition.

Hormone : ....

....

....

....

....

Des comportements responsables dans le domaine de la sexualité

Je retiens l'essentiel

■ **Souligne** les mots importants.

> Les relations sexuelles peuvent entraîner une grossesse non désirée, ou transmettre des infections sexuellement transmissibles (IST) ; elles doivent donc être accompagnées de comportements responsables de la part des deux partenaires comme l'utilisation du préservatif et le recours à des méthodes contraceptives.

> Les techniques de procréation médicalement assistée (PMA) permettent d'aider les couples infertiles à concevoir un enfant. Elles se basent sur les connaissances acquises sur la reproduction humaine.

Je m'évalue avec un document

■ **Entoure** par différentes couleurs, les moyens d'éviter la transmission des IST, les méthodes de contraception et les méthodes de procréation médicalement assistée.

pilule œstroprogestative

préservatif

FIVETE

ovulation

insémination artificielle

œstrogènes

implant

testostérone

○ ....

○ ....

○ ....

Je retiens les mots-clés

■ **Complète** les définitions.

PMA : ....

....

Infertilité : ....

....

Je construis **un schéma-bilan**

■ **Complète** le schéma pour montrer comment se forme un nouvel individu.

■ **Complète** la partie haute du schéma avec ce que tu sais du contrôle hormonal de la reproduction.

■ **Complète** l'organigramme du bas.

Reproduction et comportement sexuel responsable

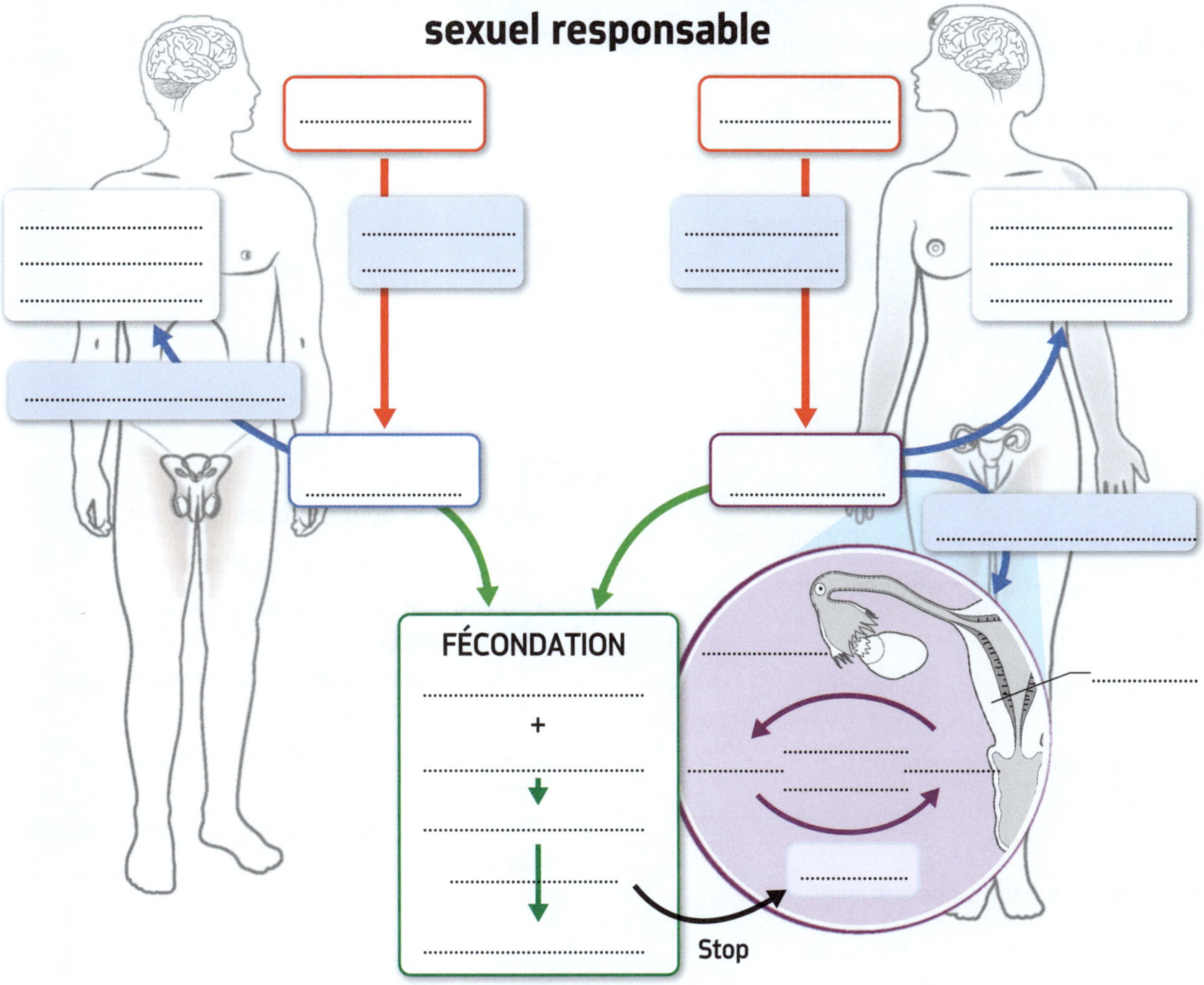

COMPORTEMENT SEXUEL

Responsable	Dépendant	Maîtrisé
• se protéger : .... • respecter....................	•	• choisir : .... • remédier à ....

Je teste mes connaissances

1 Mémoriser le vocabulaire du chapitre

■ **Relie** par un trait le mot à la définition qui lui correspond.

Lieu où se produit la fécondation •	• Ovulation
Partie de l'utérus dont l'épaisseur varie •	• Trompes
Phénomène ayant lieu autour du 14e jour du cycle féminin •	• Éjaculation
Émission de sperme •	• Muqueuse

2 MOT CACHÉ

■ **Complète** la grille pour retrouver le mot caché.

a. Organe appartenant à l'appareil reproducteur de l'homme.
b. Organe fabriquant les spermatozoïdes.
c. Peau entourant les testicules.
d. Écoulement de sang chez la femme arrivant environ une fois par mois.
e. Organe dans lequel se déroule la grossesse.
f. Implantation de l'embryon dans l'utérus.
g. Organe contenant les ovules.

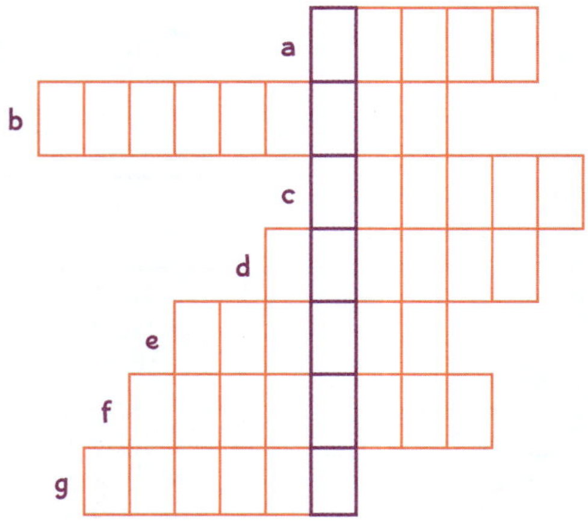

3 Remue-méninges

■ **Rédige** une phrase avec les mots suivants :

a. organe • sang • hormone • organe cible

....

....

....

b. IST • préservatif • protection

....

....

c. ovaire • utérus • hormone sexuelle

....

....

....

4 QCM

■ **Choisis** la bonne proposition.

Les hormones sexuelles ovariennes :

- ☐ contrôlent directement l'épaisseur de la muqueuse utérine.
- ☐ sont produites par les ovaires suite à une stimulation par l'utérus.
- ☐ ont un taux qui reste stable au cours du cycle.
- ☐ sont à l'origine des règles lorsque leur teneur sanguine augmente.

5 Restituer des connaissances

■ **Présente** deux moyens permettant à un couple infertile d'avoir un enfant.

....

....

....

Compétence

Lire et exploiter des données présentées sous différentes formes

1 • *Je sais lire un histogramme*

a. À 10 ans, la teneur sanguine en testostérone est de :

....

b. Le taux d'hormones est d'environ 3 UA lorsque l'individu est âgé de :

....

c. La teneur en testostérone devient stable et maximale à partir de :

....

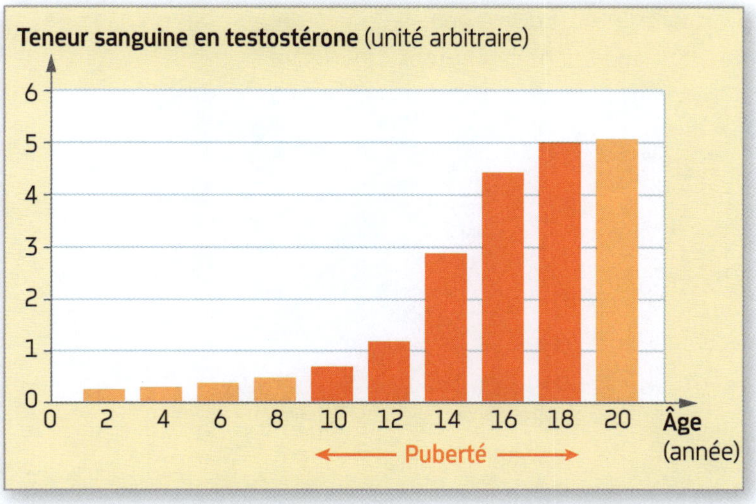

■ **Évolution de la teneur sanguine en testostérone chez un garçon.**

2 • *Je sais lire et décrire une courbe*

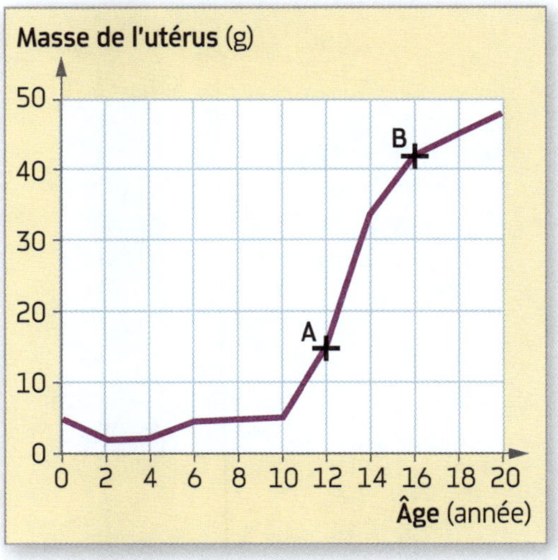

a. Coche la case correspondant à ce que montre ce graphique.

☐ L'évolution de la masse de l'utérus en fonction de l'âge d'une fille

☐ L'évolution de l'âge d'une fille au cours du temps

☐ L'évolution de l'âge d'une fille en fonction de la masse de son utérus

☐ L'évolution de l'âge de l'utérus en fonction de la masse d'une fille

b. Indique les coordonnées des points A et B.

A abscisse : ...., ordonnée : ....

B abscisse : ...., ordonnée : ....

c. Décris l'évolution du paramètre mesuré.

....

....

....

Table des illustrations

6		ph ©	Ricardo Coronel Ruiz, www.ricruiz.com
12		©	KERAUNOS-Observatoire français des tornades et orages violents
15			image © 2015 Aerodata International Surveys/Google earth
16		ph ©	R. Hermann/Minden Pictures/Biosphoto
17		ph ©	Beau Snyder/Getty Images
18		ph ©	Ed Darack/Science Faction/Corbis
23	-d	ph ©	Michael Nichols /National Geographic Creative
23	-g	ph ©	Dominique Delfino / Biosphoto
24		ph ©	Alexis Rosenfeld / SPL/Biosphoto
28		ph ©	Mitsuaki Iwago/Minden Pictures/Biosphoto
30		ph ©	Hervé Conge/ISM
35		ph ©	Science Source/BSIP
39		ph ©	Hervé Conge
40	-m, d	ph ©	Hervé Conge/ISM
40	-g	ph ©	Wim van Egmond/Visuals Unlimited/BSIP
41		ph ©	George Bernard/Photoshot/Biosphoto
46		ph ©	JIL Photo/Shutterstock
52	-d	ph ©	Image Point fr-LPN/BSIP
52	-g	ph ©	Rick Gomez/Corbis
53		ph ©	Sovereign/ISM
58		ph ©	Yva Momatiuk & John Eastcott/Minden Pictures/Biosphoto
63		ph ©	Eye of Science/SPL/Biosphoto
65	-g	ph ©	D. Corson/Corbis
65	-d	ph ©	Lionel Montico/Hemis.fr
66		ph ©	Papon/PresseSports
71		ph ©	Carolina Biological/Visuals Unlimited/Corbis
72		ph ©	iStock
75		©	Sécurité routière
81		ph ©	Frédéric Hanoteau
82	-d	ph ©	James Cavallin/BSIP
82	-g	ph ©	Phototake/BSIP
84		ph ©	Frédéric Hanoteau
88		ph ©	Cultura Image Source/BSIP

Couverture	-gauche	ph ©	Gary Carlson/Getty images
	-milieu	ph ©	Tim Tadder/Corbis
	-droite	ph ©	Alain Mafart-Renodier/Biosphoto

Édition : Pascale Jacquet, Claire-Marie La Sade, Charline Ladroue, Danielle Roque

Iconographie : Nelly Gras, Pierre Philippon

Illustration : Sandrine Lefèvre

Infographie : Corédoc/L. Blondel, Olivier Aubert

Création maquette : Studio Favre & Lhaïk ; Karine Alary

Mise en pages : Karine Alary

PAPIER À BASE DE FIBRES CERTIFIÉES

Hatier s'engage pour l'environnement en réduisant l'empreinte carbone de ses livres. Celle de cet exemplaire est de : 600 g éq. CO_2 Rendez-vous sur www.hatier-durable.fr

IMPRIM'VERT

Achevé d'imprimer en Italie par L.E.G.O. S.p.A. - Lavis (TN)
Dépôt légal : 02153-2/06 - Juillet 2020